有趣到睡不著的化學

面白くて眠れなくなる化学

可以用鑽石烤松茸嗎？

左卷健男 著　李沛栩 譯

目錄

Part 1 令人戰慄不已的化學

Part 2

有趣到睡不著的化學

讓人忍不住想動手玩玩看的化學

前言

化學真的很有趣

之所以會寫下這本書，是因為：

化學超有趣的！

我希望透過這本書，讓各位讀者一起感受化學的有趣之處。

化學既有趣又迷人，它描述了物質世界的一切。我們生活中所經歷的各種現象，都脫離不了化學的概念及定律。

化學的趣味，不僅僅是能夠幫助我們了解物質性質及其變化的實驗；化學知識更是一把鑰匙，為我們開啟通往新世界的大門。

本書的內容題材，都取材自最基本的化學知識，也就是大家在國、高中階段會學到的那些基礎化學課程。

許多人對學校教的化學完全不感興趣，最常見的原因不外乎是覺得課程內容太過抽象、脫離現實，而無法理解老師到底在講些什麼。此外，也有些人覺得化學與自己的生活和人生完全無關，唯一的功能只有用來應付學校考試而已。

我的專業是小學、國中及高中的基礎科學教育，過去也曾在國中及高中教授自然科課程。在擔任教師的那些年裡，我的座右銘始終是：

「讓今天上課的內容，成為晚餐時學生與家人興高采烈討論的話題。」

因學習而有所得、有感動、獲得內心的充實、愈思考愈覺得興奮……如果能在化學課堂上為大家帶來這樣的感覺，那是多麼棒的事情。正因為抱持這樣的理念，我將多年來收藏的化學話題，集結成各位手中的這本書。

科學，一點一滴的為我們闡明這個充滿不可思議的世界，通往自然世界奧祕的大門正漸漸敞開。雖然世上依然存在著一些未解之謎，但透過科學，我們已經能夠明白絕大多數的現象。

身為科學教育專家，我想從這些我們已經明白的事物之中，探討一些最基礎的主題，告訴大家：「看吧！我們只要再多想一點點，就會發現原來這些事情很趣！對吧？」「如果是這種情況呢？」「那種情況的話又是如何呢？」……如果各位讀過這本書之後，像這樣不斷冒出新的疑問，就代表我的嘗試成功了。

舉例來說，我們生活中常見的「食鹽」，其成分為「氯化鈉」，也就是由鈉和氯結合而成。

事實上，「鈉」投入水中就會因化學反應而爆炸，而「氯」則是可以用來製造毒氣的有毒物質。然而，當兩者因化學變化而彼此結合，就成了日常生活中不可或缺的調味料「食鹽」，而食鹽攝取過量時又有可能引起中毒。

希望藉由提供這樣的發現與驚喜，進而成就感動人心、豐富心靈的自然科學，並朝此目標繼續研究下去。

左巻健男

Part 1

01 乾冰放入密封容器非常危險

乾冰引起的爆炸事故

常用於冷藏冰淇淋的乾冰，溫度大約零下七十九度，是非常冰冷的白色固體。乾冰是固態的二氧化碳，又稱為「碳酸氣」，我們光從字面就能知道，乾冰會不經液態而直接昇華為氣態。

過去在日本的社會新聞上，經常會看到有人將乾冰放入玻璃瓶密封，導致瓶身突然爆炸碎裂、玻璃碎片四處飛濺的意外事物，其中又以兒童為大宗。事實上不只玻璃瓶，寶特瓶也同樣具有危險。

近年來，隨著寶特瓶日漸普及，乾冰爆炸意外已經不再是玻璃瓶的專利。如果一時好玩將乾冰放入寶特瓶並蓋上蓋子搖晃，寶特瓶就會爆炸，飛散的碎片可

絕對不能這麼做！乾冰放入密封容器會爆炸

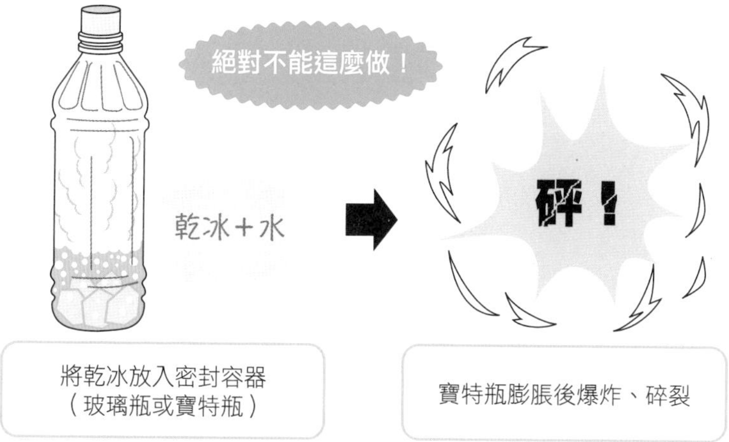
絕對不能這麼做！
乾冰＋水
碎！
將乾冰放入密封容器
（玻璃瓶或寶特瓶）
寶特瓶膨脹後爆炸、碎裂

能刺入身體，甚至刺傷眼睛而導致失明。

內部壓力增加而爆裂

一般而言，當物質由固態或液態轉變為氣態時，體積會增加數百倍至上千倍。

在室溫下，固態的乾冰會漸漸昇華為氣態的二氧化碳。因此，如果將乾冰放入寶特瓶內密封，隨著氣體的增多，瓶內壓力就會上升。特別是瓶身內側直接接觸到乾冰，會因低溫而漸漸失去彈性，變得更容易破裂。

碳酸飲料使用的是耐壓型寶特

碳酸飲料專用寶特瓶的耐壓結構

為了支撐內部壓力，瓶底的形狀並不平坦，而是製作成五隻腳支撐的花瓣形瓶底。

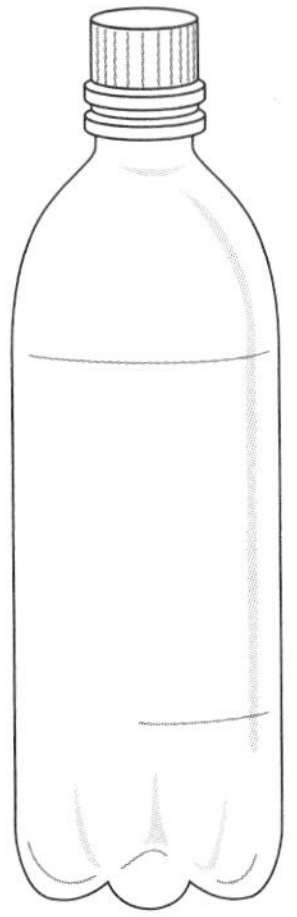

瓶，相較於一般寶特瓶而言，可以承受更高的壓力。然而即便如此，最高大約也只能承受標準大氣壓力的八倍左右。

而且這還是「使用全新寶特瓶，在工廠環境下進行填充」的條件下所測得的數據，使用過的寶特瓶實際上可能承受不了這麼高的壓力。

日本神戶市消防局的實驗

為因應層出不窮的寶特瓶爆裂意外事故，神戶市消防局進行了一個實驗。在五百毫升的寶特瓶中，裝入四十至五十公克的乾冰，以及三百至四百毫升的水，逐一調整內容物比例。

實驗結果顯示，裝填後只要七至四十四秒左右就會發生爆炸。隨著「砰」的一聲巨響，炸裂的瓶身碎片會立即射向四面八方。

所以，將乾冰放入容器內密封是非常危險的行為，千萬不要這樣做！

乾冰雖然看起來很好玩，但一不小心就會釀成大禍唷！

02 爆炸究竟是什麼呢？

爆炸這種現象

我至今已做過各式各樣的化學實驗，有時候也會被突發狀況嚇出一身冷汗，更曾經差點釀成意外事故。

從高中、大學到研究所，多年來的化學專業訓練，讓我對化學實驗早已駕輕就熟。因此當我成為一名高中自然科教師，自然滿心期待要向學生展示各種有趣的化學現象。

畢竟藝術創作者未必能夠創造出「爆炸性」的作品，但從事化學實驗者可是真的能製造出「爆炸」呢！

話說回來，爆炸究竟是什麼樣的現象呢？

汽車的汽油引擎

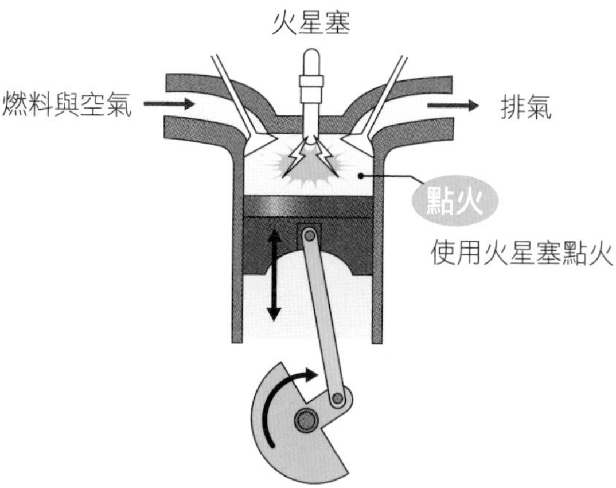

讓我們用化學角度來思考這個問題吧！

除了將乾冰放入玻璃瓶或寶特瓶密封會發生爆炸之外，高壓噴霧罐及卡式瓦斯罐溫度過高時也會爆炸，伴隨一聲巨響，連瓶身都會被炸開。新聞報導中偶爾會出現氣爆事故，嚴重時甚至會炸毀整棟大樓或整條商店街，造成嚴重傷亡。

這些爆炸事故的共通點是「因為某些原因造成壓力急遽上升、內部體積膨脹，容器不勝負荷而破裂，並伴隨聲響與閃光的壓力釋放現象」。

爆炸未必全是壞事，如果可以借

助化學知識來控制好爆炸過程，便可以運用「壓力造成膨脹」的原理來做功（簡單來說，就是利用這股能量施力使物體移動）。爆炸瞬間的大量熱膨脹，可以產生極高的做功效率。

例如汽車之所以能夠前進，是將汽油與空氣的混合氣送入汽缸並加以壓縮，然後透過火星塞點火引起爆炸來產生驅動引擎的動力。另外像進行土木工程或礦山採礦時，也常需要用炸藥來炸碎岩石。

物理性爆炸與化學性爆炸

根據爆炸的發生過程，可分為「物理性爆炸」及「化學性爆炸」。因為氣體或液體的熱膨脹，或因為物質狀態的改變（物質在固態、液態、氣態間的變化）等物理變化，造成物質的體積增大（壓力上升）而發生爆炸，稱為「物理性爆炸」；因物質的分解或燃燒等化學變化而發生的爆炸，則稱為「化學性爆炸」。

像是噴霧罐或卡式瓦斯罐因熱膨脹而爆炸，以及蒸汽鍋爐因內部壓力過高而爆炸等，都屬於物理性爆炸。

火山爆發也屬於物理性爆炸。地函中飽含氣體的岩漿在上升至地表的過程中壓力驟減，而使岩漿內的氣體急速膨脹，加上地表的水或地下水接觸到高溫的岩漿而汽化後急速膨脹，最終導致火山爆發。

急遽燃燒的爆炸現象

典型的化學性爆炸，是一種伴隨氣體產生的燃燒現象，一旦開始燃燒，只要周圍還有可燃物質，燃燒速度就會永無止境的增快，導致爆炸的發生。

舉例來說，桶裝瓦斯或天然瓦斯（主要成分為甲烷）洩漏後，當瓦斯累積到一定濃度，遇明火或火花引燃所造成的氣爆就是一例。

另外，在學校有時會做的混合氫氣與空氣並加以引燃的爆炸實驗，以及火藥或炸藥的引爆、麵粉或煤粉等可燃性粉塵漂浮於空氣中所引起的爆炸（粉塵爆炸），都是化學性爆炸的代表。

03 氣爆發生的原因

將點燃的蠟燭放入瓦斯中

在彎曲的鐵絲前端立起一根小蠟燭，將點燃的蠟燭放入充滿空氣的瓶子中（例如玻璃牛奶瓶等），蠟燭依然會繼續燃燒。那麼，如果將點燃的蠟燭放入充滿二氧化碳的瓶子中，又會發生什麼事呢？只要靠近瓶口，哪怕只是稍微往下移動，蠟燭就會馬上熄滅。

由此可知，在充滿二氧化碳的環境中，蠟燭是無法燃燒的。

接下來，我們試著將點燃的蠟燭，放入充滿廚房瓦斯或打火機瓦斯等可燃氣體的瓶子裡吧。這個實驗需要準備蠟燭、鐵絲，以及稍微深一點的盆子、玻璃牛奶瓶、打火機專用填充瓦斯罐、沾溼的紙。

將點燃的蠟燭放入瓦斯中

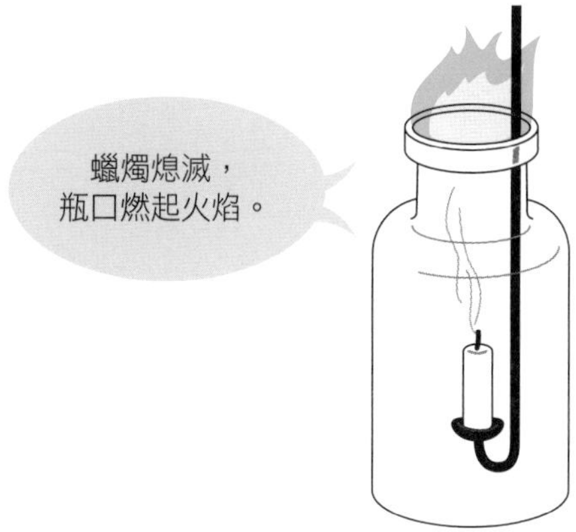

先在盆中注入水，並將牛奶瓶裝滿水，用手掌壓緊瓶口，將瓶子倒過來扣在盆中。

接著，在水中將打火機專用補充罐內的瓦斯（主要成分為丁烷）填充進牛奶瓶內。當瓶內的水都被瓦斯排擠出去後，瓶口處會出現氣泡，表示瓶中已充滿瓦斯。這時用手掌壓緊瓶口，將瓶子取出，並在瓶口覆蓋一張沾溼的紙。

接著，把點燃的蠟燭慢慢放入瓶中。當燭火一靠近瓶口，瓶口立刻燃起火焰（因為丁烷是可燃氣體）。隨著蠟燭繼續慢慢下降，這時候蠟燭的如果將點燃的蠟燭放入氫氣中……

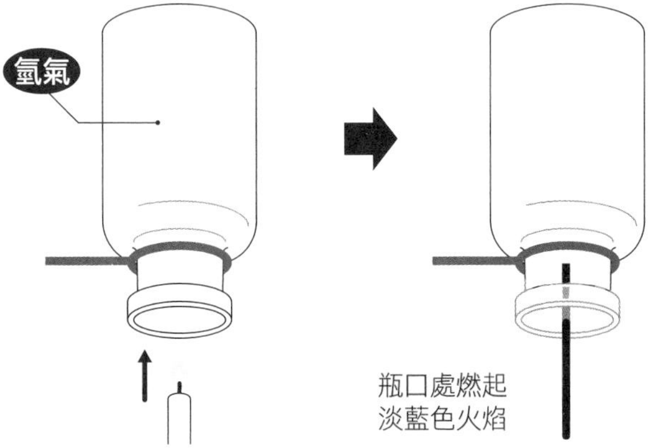

火焰又會發生什麼變化呢？

瓶口還在燃燒，但瓶中燭火卻熄滅了。雖然丁烷是可燃性氣體，但燭火在其中無法燃燒。（注意：瓶中瓦斯與空氣混雜的狀態下，將燭火放入瓶子中的話，有可能引起爆炸。所以充填瓦斯的步驟一定要在水中進行，以確保瓶中收集到的都是瓦斯）。

這是因為，空氣中有氧氣，而瓦斯中沒有氧氣的關係。

對充滿氫氣的瓶子點火

請大家看上圖。一個充滿氫氣並且倒著放的瓶子，如果將點燃的蠟燭

爆炸極限

可燃氣體	爆炸極限（在空氣中）（體積%）
氫氣	4.0 ～ 75
乙炔	2.5 ～ 81
甲烷	5.3 ～ 14
丙烷	2.2 ～ 9.5
甲醇（氣體）	7.3 ～ 36
乙醇（氣體）	3.5 ～ 19
乙醚（氣體）	1.9 ～ 48
汽油（氣體）	1.4 ～ 7.6

從下方瓶口放入，會發生什麼事呢？大概有人會認為：「瓶中裝的是百分之百的氫氣，那麼瓶子應該會發生大爆炸吧！」但實際操作後，放入瓶中的蠟燭卻熄滅了。

這是因為純粹的氫氣中不含氧氣，所以蠟燭無法繼續燃燒。如果仔細看看瓶口，還會發現瓶口附近的氫氣燃燒起來了（冒出淡藍色火焰）。換句話說，純氫並不會爆炸。

什麼是爆炸極限？

對可燃氣體與空氣的混合物點火時「會不會爆炸」，取決於混合氣體的組成比例（可燃氣體在空氣中所占的比例）。氫氣在四．〇～七五％、甲烷在五．三～一四％、乙醇（氣體）在三．五～一九％的比例範圍內可以引爆。

這個範圍稱為「爆炸極限」或「燃燒極限」。重點放在能夠引起爆炸的比例範圍時，稱為「爆炸極限」；而重點放在氣流能夠燃燒的比例範圍時，稱為「燃燒極限」。從表中的數據可以清楚得知，相較於甲烷，氫氣的爆炸極限非常廣，這意味著氫氣更容易爆炸。

瓦斯與氫氣造成的爆炸

城市中透過管線供應的天然瓦斯，其主要成分是甲烷。由於氣體有爆炸極限，所以瓦斯不慎洩漏時，得在空氣中累積到一定比例才會發生爆炸。為了讓人們可以及早察覺瓦斯外洩，瓦斯公司在原本沒有味道的瓦斯中，添加了極少量帶有臭味的硫醇等物質。即使如此，日本幾乎每週都還是有小規模的氣爆意外事故發生。

如何防止瓦斯氣爆的危害呢？購買新的瓦斯器具時，一定要先弄清楚使用方法後再使用，很多意外都是發生在購買新器具的一年內。此外，天然氣是從埋設在路面下方的主要幹管拉設管線到住家中，住家管線過於老舊也可能導致瓦斯外洩，經年累月使用下，一定要定期進行檢修哦！

談到氫氣爆炸，大家總會想起東京電力福島第一核電廠發生的氫氣爆炸事故。這起事故，是由核子反應爐冷卻失敗所導致。

用來封裝燃料丸的護套，是以金屬「鋯」為主成分的合金製作而成。之所以用鋯來製造護套，是因為它不容易吸收中子。核能發電需要利用中子來形成核分裂連鎖反應，所以鋯是很理想的護套材質。

但當溫度超過八百五十度時，鋯就會與水發生反應，產生氫氣及鋯金屬氧化物。因此專家認為，這起核電廠爆炸事故起因於核子反應爐溫度過高，於是大量氫氣不斷冒出，從反應爐蔓延到圍阻體，甚至充滿整個廠房。

當氫氣與廠房內的空氣混合，濃度超過四・〇％就已經達到爆炸極限，這時只要出現任何小小的火花，都能使氫氣與氧氣瞬間同時發生激烈反應，造成氫氣爆炸。

矽藻土炸藥與諾貝爾

諾貝爾的炸藥發明

說到爆炸可少不了炸藥，而炸藥的發明人，就是舉世聞名的諾貝爾。每年到了十二月十日，也就是諾貝爾的忌日當天，就會在瑞典的斯德哥爾摩及挪威的奧斯陸舉辦諾貝爾獎的頒獎典禮。

諾貝爾獎就是根據諾貝爾的遺囑所創立。諾貝爾因為發明炸藥及開發油田，累積了巨額的財富，於是立下遺囑，將龐大遺產成立基金，用以獎勵那些在「前一年為人類做出卓越貢獻的人」。

諾貝爾基金會（總部位於斯德哥爾摩）應運而生，並於一九〇一年開始頒發諾貝爾獎。創辦之初只有「物理學獎」、「化學獎」、「生理學或醫學獎」、「文

諾貝爾獎章與諾貝爾

諾貝爾
（1833～1896）

學獎」、「和平獎」五個獎項，後來從一九六八年開始增設「經濟學獎」，才變成六個獎項。

故事要從一八三三年說起，諾貝爾那年在瑞典出生了。一八四二年時，他們舉家搬到俄羅斯的聖彼得堡居住。

為了大量製造當時在歐洲蔚為話題的硝化甘油，諾貝爾與父親及兄弟們合開了一間小型炸藥工廠。硝化甘油是一種無色透明的液狀物質，只要碰撞或受熱，就會引發劇烈爆炸。

硝化甘油的強大爆炸威力使它具有極高的利用價值，但同時也有不易

矽藻土炸藥與雷管

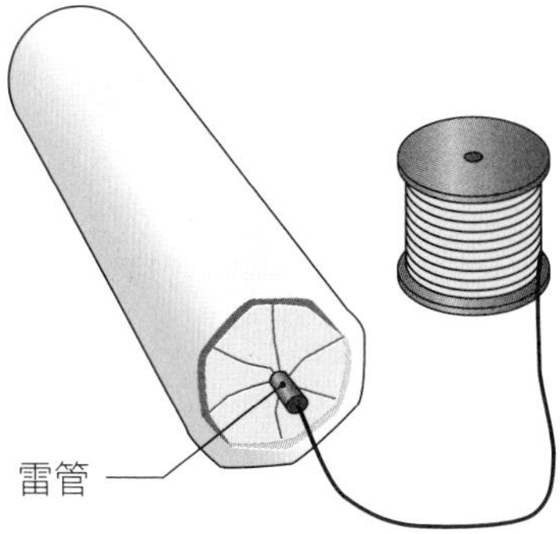

搬運及保存的缺點。就連諾貝爾的工廠也無法倖免，不幸發生了嚴重的爆炸意外，導致工廠毀了不說，還造成幾個員工死亡。其中，也包括諾貝爾最小的弟弟。

諾貝爾的父親因為這起意外遭受沉重打擊，不久就撒手人寰。但諾貝爾沒有放棄要把炸藥變得更加安全的心願，與剩下的兄弟合作全心投入研究。不久，他發現矽藻土吸附硝化甘油後會變得穩定，運輸和使用上也會更加安全。矽藻土炸藥（Dynamite）就此誕生了。

除了矽藻土炸藥之外，諾貝爾還

開發出一種無煙火藥（Ballistite），以軍用炸藥之姿成功銷往世界各國。靠著在世界各地經營的數十家炸藥工廠，以及在俄羅斯開發巴庫油田，諾貝爾一生累積了龐大的財富。

諾貝爾和平獎創立背後的真意？

大概有很多人認為，諾貝爾在遺囑中指定成立和平獎項，不外乎是為了減輕自己發明的產品成了殺人武器所造成的「罪惡感」。

但是，真相並非如此。

早在諾貝爾發明出矽藻土炸藥前，就曾對前來拜訪的和平運動家蘇特納☆說了以下這些話：

「為了讓戰爭永遠不再發生，我想發明一種擁有強悍震懾力的物質或機器。」

「如果交戰的雙方在短短一秒之內就能殲滅對方的時代來臨……」

☆編註：蘇特納（Bertha von Suttner, 1843~1914），奧地利女作家，是第一個獲得諾貝爾和平獎的女性。

「所有文明國家就會懼於對方威脅而放棄戰爭、解散軍隊吧！」

也就是說，諾貝爾認為，如果武器的威力大到可以在一瞬間互相消滅對方，人們就會因為恐懼而不再發起戰爭。諾貝爾發明性能優越的軍用炸藥，並大量販售給各國軍隊的行為背後，也許藏著這樣的想法吧。

但是，這個想法卻與當初設立諾貝爾獎的遺囑中，頒發和平獎的宗旨相互矛盾。和平獎的宗旨是要表彰「為促進民族國家團結友好、取消或裁減軍備，以及為和平會議的組織和宣傳盡到最大努力或作出最大貢獻的人」。

諾貝爾萌生以此宗旨創立和平獎的念頭時，正好是蘇特納的反戰主題小說《放下武器！》（一八八九年）在歐美蔚為風行的時期。因此，諾貝爾創立和平獎是受到這本小說感召的說法也不脛而走。

硝化甘油的爆炸實驗

我在高中教授化學課時，一定會在化學課上示範如何合成少量硝化甘油，讓學生感受其強大的爆炸威力。硝化甘油受到碰撞很容易爆炸，正因為這種極難

硝化甘油的爆炸實驗

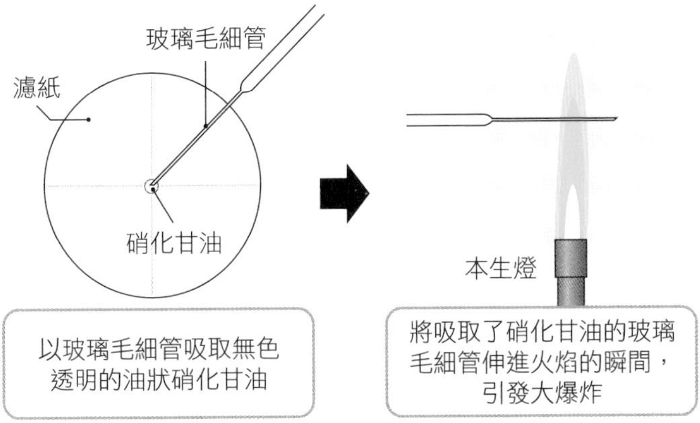
玻璃毛細管
濾紙
硝化甘油
以玻璃毛細管吸取無色透明的油狀硝化甘油
本生燈
將吸取了硝化甘油的玻璃毛細管伸進火焰的瞬間，引發大爆炸

處理的特性，才有了矽藻土炸藥的發明，我一邊說明這段歷史，一邊向學生示範如何製造硝化甘油的實驗。

在試管中，加入濃硝酸與濃硫酸後混合均勻，將試管放入冰水充分降溫，並於試管中滴入甘油均勻搖晃，硝化甘油就完成了。過濾後，硝化甘油會留在濾紙上。

接著，以玻璃毛細管吸取無色透明的油狀硝化甘油，儘管只吸取了極少量的硝化甘油，在玻璃毛細管接觸本生燈火焰的瞬間，還是引發了大爆炸。玻璃毛細管被炸得粉碎四散，有時候連火焰都會被爆炸的風壓吹滅。

進行硝化甘油的爆炸實驗時，一定要用壓克力保護板將本生燈的四周圍起來，防止玻璃碎片飛濺到學生那邊。還有，別忘了務必戴上護目鏡。

我用鑷子夾起殘留硝化甘油的濾紙，作勢放進本生燈時，學生們嚇得後退好幾步。他們剛見識過硝化甘油的爆炸威力，認為這樣做會引起更大的爆炸。

其實，硝化甘油在玻璃毛細管或試管等容器中，處於封閉狀態時才會爆炸。沾附在濾紙上的硝化甘油處於開放狀態，所以只會劇烈燃燒而不會產生爆炸。

硝化甘油可以救心

負責輸送氧氣及營養到心臟的冠狀動脈一旦阻塞，血液循環不足就會導致心臟肌肉（心肌）缺氧，這種疾病稱為「缺血性心臟病」。最典型的病症就是心絞痛及心肌梗塞。

在心絞痛發作或快要發作的時候，含有硝化甘油成分的舌下錠就成了救命的特效藥。

相傳在硝化甘油製造廠工作的心絞痛患者，只要待在工廠裡頭就不會發病，人們才因此發現硝化甘油有此奇效。

硝化甘油在體內分解生成的一氧化氮，可以使血管擴張，增加血液輸送，產生緩解心絞痛的效果。發現這個機制原理的美國學者佛契哥特等人，也因此獲頒一九九八年的「諾貝爾生理學或醫學獎」。

當然了，硝化甘油舌下錠在製造過程中加了添加劑，因此非常穩定，不會發生爆炸。「那個人身上有硝化甘油舌下錠，很危險！不要靠近！」這種擔心完全是多餘的。

蠟燭熄滅後，氧氣怎麼了？

用瓶子悶熄燃燒中的蠟燭

蠟燭與燃燒，這是一個學校經常會做的實驗。

在厚紙板上滴上幾滴蠟油，固定住蠟燭。蠟燭點燃後，用瓶子由上往下迅速罩住蠟燭。如果用的是牛奶瓶，沒幾秒蠟燭就會熄滅了。

準備各種大小的玻璃瓶，逐一比較看看蠟燭多久會熄滅，果然瓶子愈大、空氣愈多，燭火也撐得比較久。所謂「燃燒」，就是物體與氧氣產生激烈反應的同時，發出光與熱的過程。所以氧氣愈多，燃燒的時間就愈久。

空氣中，氧氣含量約為二〇％（乾燥空氣的話為二一％）。那麼，當玻璃瓶中的火熄滅時，瓶中的氧氣還剩多少呢？

把燃燒中的蠟燭……

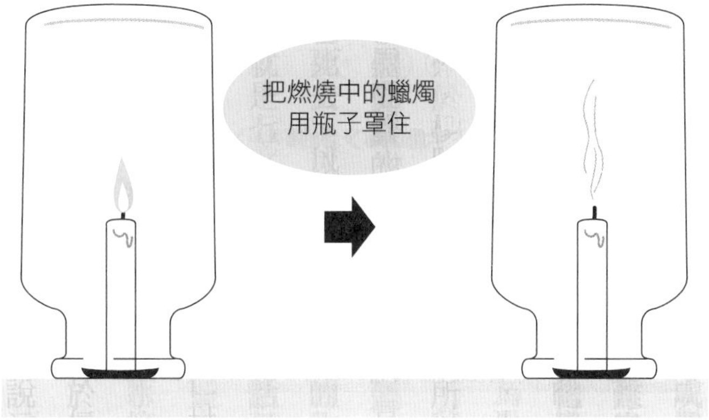

「蠟燭熄滅時，氧氣應該全都被燒光了吧。」絕大部分的人都會這麼認為。但事實上，在氧氣還剩下一六%～一七%左右時，蠟燭就已經熄滅了。

這是因為物體要燃燒起來，有三個必要條件：

一、可燃物。

二、助燃物（氧氣）。

三、溫度達到物質的燃點。

當第二個必要條件減少時，燃燒的溫度就會降低，導致無法維持第三個必要條件。所以在氧氣耗盡前，蠟燭就會熄滅。

蠟燭熄滅後……

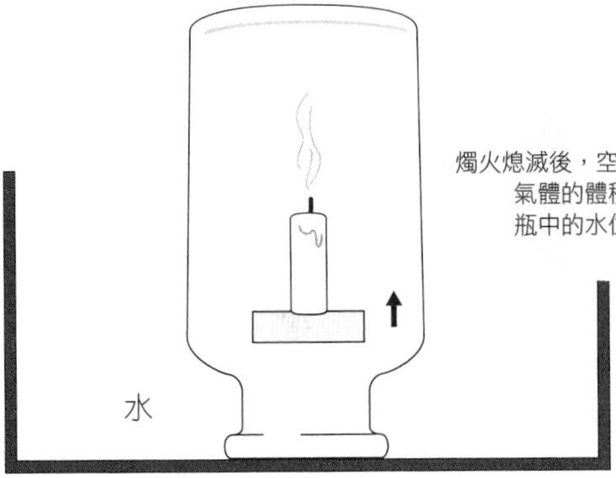
燭火熄滅後，空氣冷卻下來，
氣體的體積縮小，
瓶中的水位上升。
水

我們呼吸時，吐出的氣體中所含的氧氣也差不多是一六％～一七％。生火時對著火堆吹氣會讓火勢變旺，是因為當我們吹氣時，會夾帶周圍的新鮮空氣送進火堆。

至於對著蠟燭吹氣火會熄滅，則是因為燃燒中的蠟蒸氣被吹散，導致第一個必要條件消失的結果。

常見的錯誤說明

往盆子裡淺淺地倒入一層水。將蠟燭固定在浮在水面的保麗龍板上後，點燃蠟燭。然後用一個玻璃瓶罩住燃燒中的蠟燭。

過了幾秒後，蠟燭慢慢熄滅。緊接著，瓶中的水位漸漸升高。

針對這個實驗結果，我們經常可以看到以下結論：「瓶中上升的水位，正好占了瓶子容積的二〇%左右。這是因為燃燒殆盡的氧氣生成二氧化碳後，二氧化碳溶入水中，造成水位上升。從這個實驗可以證明，空氣中有二〇%左右是氧氣。」

但是，這個說明完全不對。

事實上，燭火熄滅的當下，瓶中也還有一六%～一七%左右的氧氣。二氧化碳再怎麼容易溶於水，也不會輕易的溶入水中。換句話說，二氧化碳不經過充分搖晃是不會溶進水中的。

問題來了，那麼究竟為何會水位上升（瓶中氣體的體積減少）呢？

這是因為氣體受熱後膨脹，變冷後又收縮的關係。

蠟燭點燃後，蠟燭周圍的空氣因燭火加熱而膨脹。空氣在受熱膨脹的狀態下，被瓶子罩住。蠟燭燃燒的期間，瓶中的空氣繼續膨脹，甚至溢出瓶子。燭火熄滅後，空氣冷卻下來，氣體的體積因而縮小。縮小的氣體體積，就是水位上升的主要原因。

用鑽石烤松茸!?

好想燒鑽石!

約莫是十多年前的事了。當時我還任職於國、高中，曾認真的想過要在自然科的課堂上「燒鑽石給學生看看」!

會有這種念頭，是因為當年在國中理化課和高中化學課時，每年一定會教到「鑽石是由碳原子所組成」的課程。「所以，鑽石燃燒後，全都會變成二氧化碳。」當我這麼向學生說明的時候，內心卻有個聲音在說：「明明自己也沒燒過，還講得一副親眼看過的樣子」，這念頭有如針扎般的不斷刺痛我。

不光是嘴巴說說，不能實際示範給他們看嗎?

於是，我開始上BBS和網路詢問大家：「有沒有燒過鑽石?」就連身邊認識的國、高中自然科教師也全部問過一輪。結果發現，大家都經常在課堂上「提到」這個話題，但實際燒過的人卻是一個也沒有。

這麼一來，想要燒燒看的念頭反而愈來愈強了。

取得原石

首先，得拿到鑽石原石才行。

可是該去哪裡找呢？

於是，我打電話給鑽石相關的業界團體，再經由他們的介紹，認識了鑽石的進口業者。在進口業者的辦公室親眼看到了原石，就這樣終於取得鑽石原石了。

一開始，他們拿出一包約莫五公分乘以五公分大小，顆顆品相上乘，塞得滿滿一塑膠袋的鑽石原石給我看。「請問這個一包是多少錢呢？」這麼一問後，得到了二百萬日圓的回答。

如果裡面裝了一百顆鑽石原石，一顆相當於二萬日圓。「有沒有更便宜一些的呢？」這麼拜託後，他們又拿出一些給我挑選，就在我細看時，業者說：「老師，可以免費送你哦！」真是喜從天降。最後，我拿到了十顆約莫〇．〇五公克的無色透明鑽石原石。

「鑽石就是碳。既然有了原石，現在只差燃燒就大功告成了。」我當時天真的想著。

鑽石要燒起來，沒那麼容易！

回去後，我馬上拿出噴燈來燒鑽石。沒想到，鑽石卻絲毫不受影響，雖然被我燒得通紅，但一停止加熱，馬上又恢復原狀。

我心想，既然鑽石在空氣中無法輕易點燃，那在氧氣中總可以了吧！所以我在鑽石燒得通紅時，馬上用氧氣噴它。但鑽石仍依舊絲毫不受影響。到了這一步我總算明白，要讓鑽石燃燒起來，可沒想像得那麼容易。

於是，我開始在各大ＢＢＳ和網路上調查各種資料。發現地球化學領域的巨擘、東京大學榮譽教授小島稔，曾經在課堂上以「將加熱過的鑽石原石丟進液態氧」的方法，成功燃燒過鑽石。

鑽石的結構

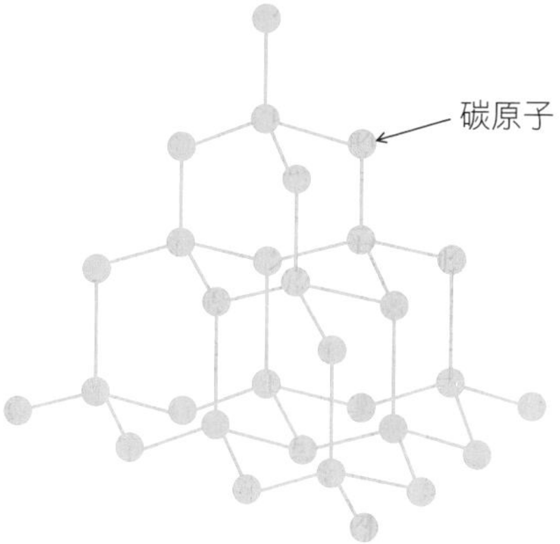

後來又聽說，當時任教於私立保善高中的和田志朗老師也成功燃燒過鑽石，於是我邀請和田老師來幫忙。

結果，就連成功燃燒過一次鑽石的和田老師，在這次實驗都失敗了。

他用的方法是，在備長炭上挖一個小洞，把鑽石放入小洞中，再以高溫加熱備長炭，待燒得完全通紅後停止加熱，並立刻往鑽石上吹送氧氣。

後來我又試過，把鑽石放入派熱司玻璃（耐熱硼矽玻璃）材質的試管中，一邊輸送氧氣、一邊加熱，結果別說鑽石了，只有試管被燒破一個洞，簡直是屢戰屢敗。

一個碳原子有四隻手，當無數個碳原子彼此相牽，形成三維立體並緊密結合的巨分子時，就成了我們所知的鑽石。如此緊密的結構，果然不會這麼簡單就與氧原子結合，而分解成二氧化碳（難以燃燒）。

終於燃燒起來了！

但是，鑽石難以燃燒並非代表不能燃燒。法國化學家拉瓦節（Antoine Lavoisier，一七四三～一七九四）據說就曾經用透鏡聚焦太陽光來燃燒鑽石；英國物理學法拉第（Michael Faraday，一七九一～一八六七）也有成功燃燒鑽石的紀錄。

《岩波理化學辭典》中，「碳」的章節裡記載著：「鑽石在七〇〇至九〇〇度時，會與氧氣產生反應」。於是我想，既然沒辦法加熱到可以燃燒的溫度，不如在熱能無法散去的狀態下加熱看看。

我當時的作法是，先將泥三角的陶瓷管拓寬，直到管口可以密合的嵌入鑽石，再把陶瓷管立在鐵皿上，接著用噴燈（使用說明上寫著火焰溫度約為一六五〇度）高溫加熱鑽石後，再用氧氣瓶吹送氧氣。這樣一來，就能在熱能散不去、一直保持高溫的狀態下輸送氧氣了。

在火焰持續噴射下，鑽石終於燃燒起來了！

發出耀眼白光的鑽石持續燃燒著。鑽石一經點燃，只要氧氣不中斷，就會一直燃燒下去。

「有氧氣助燃的狀態下，鑽石會在幾度時起火燃燒呢？」我開始在意起來。

於是，我決定用耐熱性極佳的「石英試管」來測試鑽石點燃的溫度。我用的石英試管是拜託一位在東京大學海洋研究所擔任技監的玻璃工藝大師，幫我用石英管改造而成的。我參觀石英管製造過程時，看到試管底部封閉整圓之前，會先用細的石英管調整形狀。

這個場景讓我靈光一閃：「如果把鑽石原石放入這根細石英管，往管子裡輸送氧氣的同時，用火焰的高溫部分包覆住鑽石加熱，一定會更容易點燃鑽石的！」

我先在石英試管裡放入鑽石原石與電子溫度計的探頭，一邊往試管內輸送氧氣、一邊加熱，測試鑽石點燃的溫度，當鑽石燃燒起來時，溫度已經超過八〇〇度了。

接下來，在細的石英管裡放入鑽石原石，一邊輸送氧氣、一邊用理化教室常見的本生燈加熱，用火焰最高溫的部分包覆住原石後不久，鑽石就燃燒起來了。燃燒產生的氣體導入石灰水後，原本透明的石灰水開始混濁變白。這代表，燃燒生成的氣體是二氧化碳。

燃燒鑽石的方法

①在石英細管的一端接上小型氧氣瓶（或是袋裝氧氣），將鑽石原石放入石英細管後，在細管的另一端接上附有橡膠管的玻璃管，再把玻璃管放入石灰水中。（建議事先把前端磨圓的粗鐵絲推進石英細管內，因為開始輸送氧氣後，鑽石可能會被吹飛。）

②慢慢往管內輸送氧氣，同時開始加熱鑽石原石。

③鑽石原石開始燃燒後，停止加熱。觀察後可以發現，加熱過程中被火焰

燃燒鑽石的方法

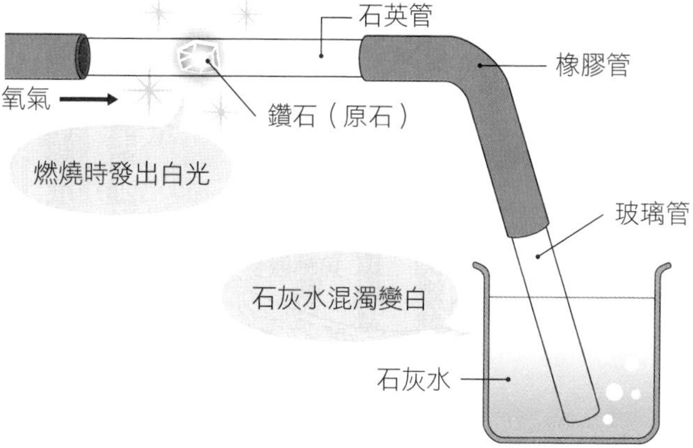

燒得通紅的原石，與成功點燃後開始燃燒的原石，外觀是不同的。點燃後的原石，通體發出耀眼白光。即使停止加熱，原石仍會繼續燃燒，石灰水混濁變白，直到燃燒殆盡。

就這樣，我終於成功燃燒鑽石。

正好當時網路上的《化學教育期刊》來邀稿，於是我將這個實驗過程寫成論文《鑽石燃燒實驗的教材化》並投稿。

「好想吃鑽石烤松茸」

現在很容易就可以買到「鑽石燃燒實驗組合」，要燃燒一顆鑽石已經不是什麼難事，就在我這麼想著時，突然一個難題從天而降，有一位小學生觀眾向某個電視節目提出了請求。

「我看礦物圖鑑時，鑽石那頁寫著『由碳元素組成』，這樣的話，不就跟木炭一樣可以燃燒嗎……我最喜歡炭烤松茸了，好想也吃吃看鑽石烤松茸哦！」

當然啦，這位小學生不知道我光是為了燒一顆鑽石，就吃盡了苦頭。光是要燃燒鑽石就不容易了，更何況是「把鑽石像燒木炭那樣拿來烤松茸吃」！

現在要燒「一顆」鑽石已經不難了。問題是，鑽石數量要多到發出的熱能足以烤熟松茸，這該怎麼點燃才好？

該節目製作單位的助理導演開始打電話向我求救：

「小型的炭火爐準備好了！」

「鑽石也找到一家專營切削工具的廠商贊助了！」

「要怎麼樣才能用炭火爐燃燒鑽石呢？」……難題如潮水般湧來。

我也沒有一口氣燒過大量鑽石的經驗，面對這一連串的提問，也只有盡力挑戰一途了。

需要在極度高溫的條件下，才有可能讓鑽石在空氣中燃燒起來。我決定請製作單位準備大型氧氣瓶，在氧氣中，要點燃鑽石就容易多了。

錄影當天，藝人來賓與委託人親子檔，輪流試著用噴火槍朝著炭爐內的鑽石堆噴射炙熱火焰，但鑽石堆不動如山。

就在此時，我以「燃燒鑽石的專家」這個身分登場了。

炭爐下方有個空氣的出入口，我將氧氣瓶接上塑膠管後插入下方通氣口，開始輸送氧氣。但是，鑽石堆得太滿，氧氣根本上不去。

用噴火槍朝著最上層的鑽石加熱後，熱能似乎傳導到下方的塑膠管，炭爐瞬間燃起巨大火焰。因為溫度太高的關係，塑膠管劇烈的燃燒起來了。幸好緊急關閉氧氣，才沒有釀成大禍。

接下來，我將輸送氧氣進炭爐的那段管子改成石英管，上方的鑽石也薄薄鋪個一、二層就好，就這樣再次進行挑戰。

「燒起來了哦！」

噴火槍拿遠一點，也能看到一部分鑽石已經燒得通紅。

用鑽石烤松茸！

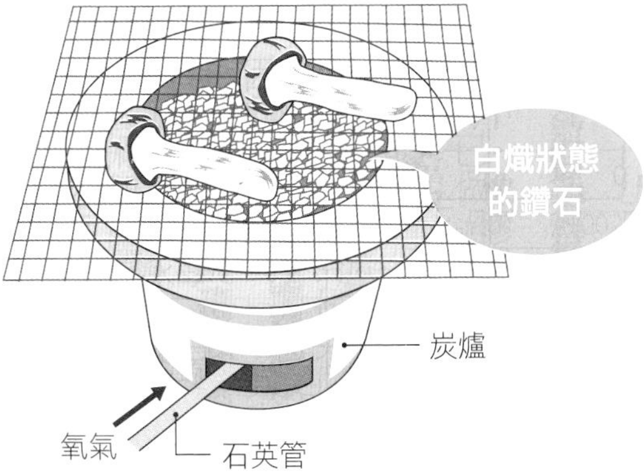

當然，松茸也好好烤來享用了。

我對專營切削工具的贊助廠商所製造的人造鑽石很感興趣。雖然並非收藏用的寶石，外觀也受到氮氣影響染上顏色，而非無色透明，但每顆鑽石直徑可達一至二毫米，顆顆品相上乘。聽說錄影用掉的數量就可以買好幾台賓士。

用價值好幾台賓士的鑽石烤松茸來吃，我想再也沒有比這更奢侈的經驗了。

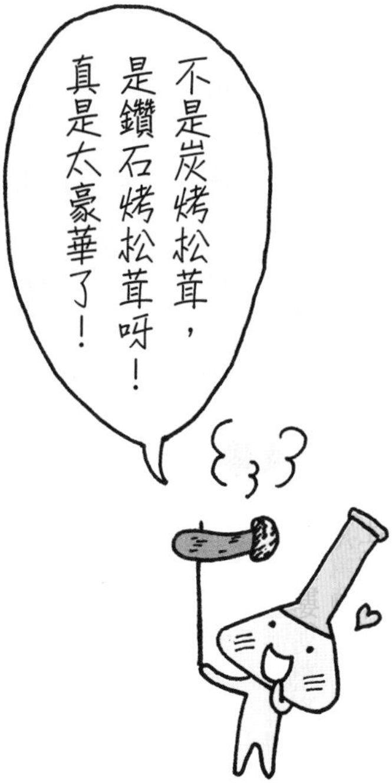
不是炭烤松茸，
是鑽石烤松茸呀！
真是太豪華了！

恐怖的一氧化碳中毒

煤氣自殺的昔與今

很久以前，煤氣自殺案經常出現在社會新聞上。在那個廚房用的煤氣還含有一氧化碳的年代，不時會聽到有人含著煤氣管自殺的消息。

儘管現在日本國內供應一般家庭用的瓦斯，已經不再含有一氧化碳，但企圖含著瓦斯管自殺的人，似乎還是沒有絕跡。

如果有辦法只吸瓦斯，完全不呼吸空氣的話，的確有可能缺氧而死。但一般情況下，一直含著瓦斯管是不會死去的。

最常出現的結果反而是，最後忘記瓦斯還開著，就拿出香菸點火，或是打開冰箱時馬達運轉產生的火花引起瓦斯爆炸。瓦斯濃度一旦達到爆炸極限，靜電或是開關電器擦出的火花就會輕易引起爆炸。

最可怕的是一氧化碳中毒

在家裡使用瓦斯或燃燒煤油時，最可怕的就是一氧化碳中毒了。一氧化碳無色、無臭、無味，是一種非常難以察覺的氣體，但毒性卻很強。尤其每到冬天，因暖爐使用不慎而造成一氧化碳中毒的死亡意外總是特別多。

物體燃燒時，或多或少都會產生一氧化碳。尤其是木炭、蜂窩煤、燃料氣體、石油、熱水器或暖爐等，燃燒不完全時所產生的一氧化碳，濃度往往高到足以使人中毒。而汽車排放的廢氣，以及抽菸的煙霧中也都含有一氧化碳。

一氧化碳對人體的影響

據說人體內約有數十兆個細胞，身體必須不間斷的供給氧氣及營養到每個細胞，我們才得以存活下去。我們賴以為生的氧氣，與紅血球中的血紅素相結合後，隨著血液運送到各個細胞內。

一氧化碳中毒的症狀

[illegible]	[illegible]	[illegible]
0.02%（200ppm）	2～3小時	輕微頭痛
0.04%（400ppm）	1～2小時	頭痛、噁心
0.08%（800ppm）	45分鐘	頭痛、頭暈、噁心
	2小時	失去意識
0.16%（1600ppm）	20分鐘	頭痛、頭暈、噁心
	2小時	死亡
0.32%（3200ppm）	5～10分鐘	頭痛、頭暈
	30分鐘	死亡

引用自日本東京瓦斯網站

一氧化碳與血紅素的結合力，是氧氣的二百五十倍左右。一氧化碳被吸入人體後，會搶先與血紅素結合，大幅降低血紅素運送氧氣的能力，因而產生一氧化碳中毒症狀。

〇・〇四%這個數值，相當於一瓶二公升寶特瓶裝的一氧化碳混入一間標準大小的浴室（五立方公尺）中。只要這麼一點點就可以讓人頭痛噁心想吐，可見毒性有多強。在不通風的地方燃燒東西時，如果覺得頭痛想吐就要小心了。

發現有人疑似發生一氧化碳中毒時，一定要馬上將他移動到空氣流通的地方，並且盡快請求醫療協助。若患者出現呼吸困難或沒有呼吸，必須立刻進行人工呼吸急救。

一氧化碳中毒發生的原因與對策

在什麼情況下，會產生足以使人中毒的一氧化碳呢？

大多數的一氧化碳中毒，是由不完全燃燒所引起。

除此之外，汽車排放的廢氣中也含有大約〇．二～二％的一氧化碳。而香菸煙霧中的一氧化碳雖然不至於導致中毒，但依然對人體有害。

燃燒東西時，一定要保持現場的空氣流通（通風良好）。換句話說，平常就要注意房間的空氣流通，避免室內密不通風才是重點。

瓦斯等燃燒器具一定要定期檢查，才能確保使用安全。燃燒時，如果聞到臭味或火焰變黃色，一定要立刻停止使用，並請專業人員進行檢查與維修。

另外，建議可以在家中安裝市售的一氧化碳警報器，當偵測到一氧化碳外洩時，警報器就會立即發出警報，以確保家人安全。

Part2

01 毒藥的代名詞：氰化物與砷

致命的毒藥

據日本某項調查結果顯示，從第二次世界大戰後直到一九五二年期間，氰化物一直高居自殺用毒藥排行榜的第一名。以它的知名程度來說，如果隨機採訪路人：「請說出你知道的毒藥。」大概有九成以上的人會回答：「氰化鉀」吧。

氰化鉀和氰化鈉是最常被用作毒藥的代表性化合物，不只是自殺，日本還曾發生拿來投入可樂或罐裝烏龍茶中，隨機毒殺路人的殺人案件。

這些氰化物具有非常高的致命性。成人只需要喝下〇・六～〇・七公克，就會在一分鐘到一分半鐘內產生初期中毒症狀，像是頭痛、頭暈、脈搏加快、胸悶、呼吸困難。緊接著三、四分鐘後開始喘不過氣、嘔吐，脈搏隨之減弱，全身痙攣後失去意識，直至死亡。

一旦服下超過致死量的氰化物，沒有立刻接受適當治療的話，就會在十五分鐘內死亡。氰化物中毒跟一氧化碳中毒一樣，可以從靜脈血液變成櫻桃色的症狀來判斷。

氰化鉀或氰化鈉在胃中遇到胃酸（低濃度的鹽酸）後，會釋出一種氰化氫氣體。氰化氫氣體是劇毒，所以絕對不能對氰化物中毒的人進行口對口人工呼吸，因為這樣急救人員也會吸到有毒氣體的。

杏仁也有毒

自然界中也不乏氰化物的存在，梅子、杏、桃子的果仁中都含有一種名為扁桃苷的「含氰醣苷」成分，也就是氰根與醣類結合的化合物。含氰醣苷在酵素作用下會分解成不安定的氰醇，經人體吸收後又被分解成含有劇毒的氰化氫氣體。歐美也曾發生過誤食生杏仁或生扁桃仁而中毒的案例。以兒童來說，誤食五至二十五顆生杏仁就可能致死，可見毒性之強。

生杏仁也有毒

這些植物的種子，自古就常被用作止咳鎮嗽的藥材，但吃太多可是會中毒的哦！

愚人的毒藥：砷

砷也有毒性，無機砷的毒性又比有機砷來得強，而其中最毒的無機砷非「三氧化二砷」（俗稱砒霜）莫屬了。砷中毒可分為像「和歌山毒咖哩事件★」中一次攝入大量三氧化二砷引起的「急性中毒」，以及長年攝取所引起的「慢性中毒」。

砷及砷化合物，在古希臘時期常當作補藥或造血劑來使用。中世紀以後做為自殺或謀殺用毒藥，經常能在歷史上或故事中見到它的身影。無色、無臭、無味的三氧化二砷水溶液（又稱為「亞砷酸」），長期、少量攝取可以讓皮膚變白、變美的說法，使它成為當時女性們愛用的「美容液」，然而這種水溶液，在許多不允許離婚的天主教國家，卻成了毒殺親夫的工具。

日本古時候於銀礦中發現三氧化二砷後，最早是將它運用在毒鼠上，後來也淪為殺人工具，之前的和歌山毒咖哩事件就是一例。

砷有「愚人的毒藥」之稱，或許是因為從前的人很容易就能取得，加上十九世紀發明出簡易的砷檢測方法後，用砷來下毒很快就能化驗出來。現在砷化合物已經不是一般人可以輕易弄到手的東西，如果還有人用它來犯罪，馬上就能鎖定嫌犯。

★譯註：一九九八年七月二十五日，日本和歌山縣一場祭典中所提供的咖哩遭加入砒霜，造成六十七人中毒，其中四人死亡的毒殺事件。

拿破崙死於毒殺？

法國皇帝拿破崙一世（一七六九～一八二一年）人生最後被幽禁在大西洋的一座孤島聖赫勒拿島上，結束他叱吒風雲的一生，當時公布的死因是胃癌。

後來有人從他的頭髮中化驗出砷元素，於是拿破崙死於毒殺的說法也不脛而走。砷進入人體後，隨著血液循環會殘留在頭髮及指甲等部位，因為化驗方式不難，很容易就能判斷是否為砷中毒，據說拿破崙的頭髮中，砷含量是一般人的數十倍。

但我們也不能就此貿然斷定拿破崙死於毒殺。在拿破崙那個時代，會用砷來清洗葡萄酒桶，從據傳嗜葡萄酒如命的拿破崙體內化驗出砷元素，也不是件奇怪的事。

而且，在拿破崙被流放孤島前，以及小時候保存下來的頭髮中，也都驗出大量的砷元素。在那個年代，砷被廣泛的運用在人們的生活中，因此即使體內殘留大量的砷也不足為奇。

有研究指出，從拿破崙最後五個月穿的褲子，還有主治醫生當時的記錄中，都能佐證他死前體重驟降了十一公斤。

從拿破崙遺體的解剖中，除了觀察到因潰瘍引起的胃穿孔之外，也在他的胃中發現初期的癌病變。有人認為他的死因不是胃癌而是胃潰瘍，但種種結果都顯示，無論是死於胃癌或是胃潰瘍，都比下毒暗殺的說法來得有說服力多了。

在日本大阪府高槻市發現的阿武山古墳（七世紀），墓中被埋葬者的頭髮也化驗出砷。有學者推斷這座古墳的主人，應該是大化革新重要推手之一——藤原鎌足。

《日本書記》中記載了鎌足在去世之前的幾個月都臥病在床，天智天皇還去探望過他。如果記載為實，以大量的砷下毒暗殺的說法就難以成立了，因為一般來說，如果人被下了大量砷毒，是不可能會臥床數月，而是會在短時間內死亡。

為了長生不老而每天服用含有砷元素的仙丹，日積月累下使毒素殘留在頭髮中，說不定這才是從頭髮中驗出砷的真相呢！

水喝太多會怎麼樣？

具有質量及體積的物質

我們生活周遭有非常多的「物質」。人類自誕生於地球上以來，對身邊所有摸得到、看得見的物質做了各種摸索及嘗試。掌握了性質，便能充分加以利用，或者將其改造為新的物質。

無論多麼微小的物質，都有體積及質量。所以，只要符合「占有空間」且「具有質量」的特性，我們就稱之為「物質」。

人類在使用東西時，會先觀察形狀、大小、用途、材料等特性後做出區分。把焦點放在形狀、大小等外觀上時，我們稱呼那個東西為「物體」。

以杯子來說，有用玻璃做的、用紙做的杯子，或者用金屬等質材製作而成各式各樣的杯子，而我們把焦點放在杯子這個物體的製作材料上時，稱那個材料為「物質」。

因此，我們也可以說：所謂「物質」就是構成「物體」的材料。

理所當然，我們會繼續問：「這個物質是由什麼形成的？」就像這樣，化學這個學問在看待事情時經常聚焦在材料上。而物質也稱為化學物質。

說到「化學物質」，或許有人腦中就會浮現可怕的印象。但其實，除了我們人類本身之外，空氣、水、衣服、建築物、食物、土壤、岩石等所有身邊睜眼所見、觸手所及的「東西」，都是由化學物質所組成的。

小嬰兒皮膚水嫩嫩的原因

我們身體內水分的比例，以普通成年男性來說約占體重的六〇%，女性約占五五%左右。男女體內含水比例不同，是因為男性肌肉較多，而女性脂肪較多的關係。肌肉組織含有大量水分，脂肪組織所含的水分卻比較少。而小嬰兒體內約有八〇%是水，長大成人後變成六〇%，隨著年齡增長，等到變成爺爺奶奶後，

身體水分的補充與流失

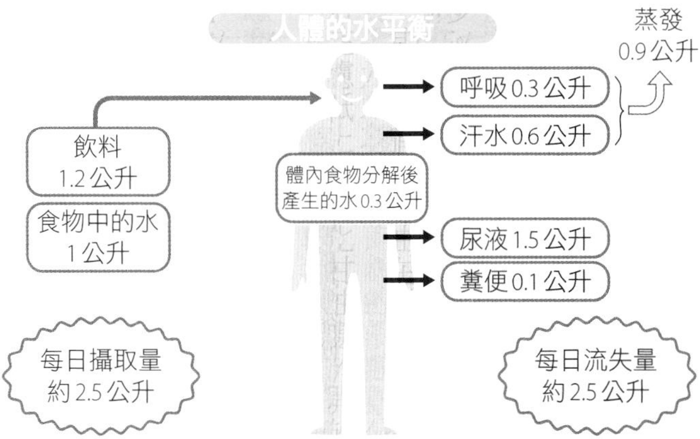

體內水分會變得愈來愈少，到了六十歲時大約降到五〇%左右。

小嬰兒的皮膚水嫩嫩，老爺爺的皮膚卻皺巴巴，正是因為體內含水比例不同的關係。

在我們體內有大量的水在循環流動，當各種物質溶入其中，水在人體內不斷循環的同時，能將營養及氧氣送到各個細胞內，再接收不要的東西帶到體外丟棄，這是水的重要功能之一。

為了維持人體正常運作，人類每天需要的水量約為二～二．五公升。除了身形大小之外，氣溫高低或有無運動也會影響水分的攝取量。

人體流失的水分，大部分是以尿液的型態排出體外。我們身體每日水分流失量與攝取量之間，原則上會呈現平衡狀態。

水肩負著各種任務，包括：配送營養及氧氣、參與人體化學反應、調節體溫和滲透壓等，是我們生命中不可或缺的重要物質。

DHMO是危險物質？

這是在美國發生的事，有一位學生發起一個連署活動，提倡應該禁止使用名為Dihydrogen Monoxide（以下簡稱DHMO）的化學物質。

「DHMO是一種無色、無臭、無味的物質。每年有數不清的人被它奪走性命，其中絕大部分的人都是因為意外吸入DHMO而死亡。光是暴露在DHMO的固體下，也會造成皮膚莫大的傷害。

DHMO是酸雨的主要成分，同時也是溫室效應的原因之一。

如今美國幾乎所有河川、湖泊及水庫中都能發現DHMO這種物質。不僅如

Dihydrogen Monoxide（DHMO）的真面目

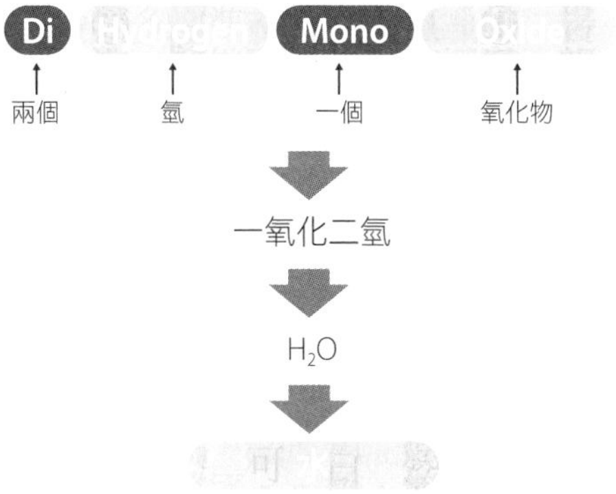

此，汙染已經擴及全世界了，就連南極的冰層中都有這種物質。

然而美國政府卻放任該物質繼續被製造及擴散出去。」

這位學生大聲呼籲：「現在開始還不晚！為了阻止汙染繼續擴散，現在，我們應該立刻行動。」

乍看之下這種物質似乎很危險，據說還真的有許多人參與連署。

ＤＨＭＯ究竟是什麼呢？其實就是「一氧化二氫」，寫成化學式為 H_2O，也就是我們熟知的「水」。

連署發起人的目的，其實是為了呼籲世人「必須正視科學教育的重要性」。的確，被水淹死的人很多，水是酸雨的主要成分沒錯，水蒸氣是大氣中溫室氣體的主要成分，要說它造成溫室效應也沒錯。

化學物質乍看之下是令人難以理解、望而生畏的專有名詞，但千萬不能被第一印象蒙蔽，要認清楚它真正的樣貌哦！

不喝水的話會……

一個健康的成人，體內約有六〇%是水，據說只要流失其中二〇%水分，人就會死去。以體重六十公斤的人來說，身體的水分約為三十六公斤，其中的二〇%也就是七．二公斤。換句話說，如果身體流失了這麼多水分的話，我們就無法活下去了。

人類排出體外的尿液及汗水等，每天流失的水分將近有兩公斤。七．二公斤的水，大約等於三．六天份。當然，如果真的完全不喝水的話，從身體流失的水分也會變少吧。這樣一來，也許可以撐過四天也說不定，但單純就計算上來說，人類只要超過四天不喝水就會陷入生命危險。

即使是為了宗教修行而斷食的人，也只會斷食而不會斷水。有資料顯示，就算完全不吃東西，只要有喝水，人類就能活二到三週左右。水對於維持生命來說，就是如此重要的存在呢！

喝太多水的話會……

不過，對人類來說不可或缺的水，喝太多也是有害的，甚至可能危及性命。實際上就曾經發生過這樣的憾事，二〇〇七年一月，在美國有一位二十八歲的女性參加「喝水大胃王比賽」，比賽中全程沒有上廁所，一口氣喝完七．六公升的水，結果隔天被人發現陳屍在家中。短時間內攝取過量水分的話，體內的鈉離子等電解質的濃度就會降低，導致水中毒。

另外，在市民馬拉松等路跑活動中，也很容易發生參賽者因喝下過量的水，引發水中毒造成身體損傷，嚴重者甚至會死亡。還有人宣稱喝大量的水可以排毒，結果反而導致水中毒。因此，攝取方法錯誤的話，就連公認安全的水也會造成中毒哦。

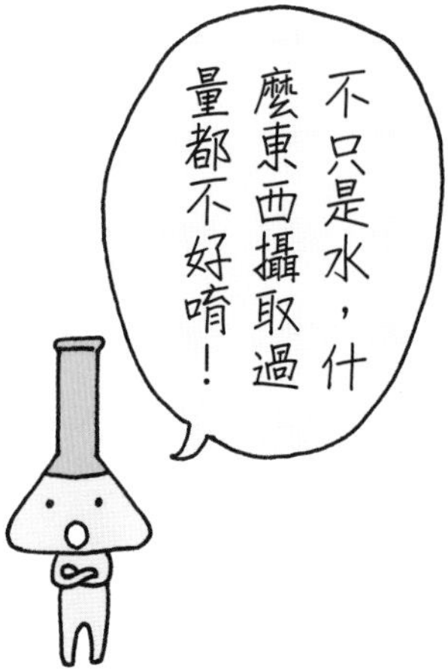
不只是水，什麼東西攝取過量都不好唷！

03

「狂灌醬油會死」是真的嗎？

為了逃避兵役狂灌醬油

如同上一篇〈水喝太多會怎麼樣？〉的介紹，就連我們生活中所熟悉的「喝水」，都有過導致中毒的案例。

換句話說，照這樣的思路來看，要說這世界上所有物質都有「毒」也不為過，但這些物質必須「在特定情境下」、「攝取超過特定的量」，才可能造成危害。因此在評定某種物質的毒性時，並不是單純將它分為「有毒」或「沒有毒」這麼簡單，而必須要考慮到「要如何攝取、攝取到多少量才會發生中毒」。

我們就從大家熟悉的物質「食鹽」的安全性來思考看看吧。

從前在日本還是徵兵制的時候，男性一到二十歲，就必須接受以身體檢查為主的徵兵檢查。

根據身體檢查結果，來判定役男體位的優劣，從最好的「甲種」開始，依序分為「第一乙種」、「第二乙種」、「丙種」等體位，而身體與精神狀況不適合服兵役者則判定為「丁種」。

徵兵檢查中判定為甲種體位，代表受到國家認可，是一個「優秀的帝國臣民」，這在當時是大家所嚮往的「男人的榮譽」，但另一方面也代表隨時可能被徵召入伍。

當時有些人為了逃避兵役，會在接受檢查前喝下大量醬油。喝下醬油後，會使人臉色發青、心跳加快，有可能因貌似心臟病而被判定為「丁種」體位，而成功達到逃避兵役的目的。

然而，有些人喝下醬油後，反而落下了難以治癒的病根，甚至有人因此而丟了性命。

醬油的成分是什麼？

醬油嚐起來有很明顯的鮮味（源於一種名為麩胺酸的胺基酸），再結合醣類和有機酸等其他成分後，使得鮮味更加明顯。

味精的主要成分為麩胺酸鈉，過去曾有人因為攝取大量味精而導致「中國餐館症候群」（頭痛、臉部潮紅、流汗等），麩胺酸的安全性也因此受到質疑。但現今的研究已經證實，「中國餐館症候群」的發生和麩胺酸鈉的攝取並無關連。

那麼，攝取大量醬油而造成身體危害的兇手，究竟是誰？其實是食鹽（主要成分為氯化鈉）。

一般醬油的鹽分濃度大約是一六％，而醬油的密度約為一．一二公克／立方公分。因此如果喝下一百毫升的醬油，換算成重量大約是一百一十二公克，其中含有將近十八公克的食鹽（112×0.16）。

急性毒性試驗

氰化鉀的毒發速度很快，一經人體吞服，就會在體內分解生成有毒氣體，立刻引起中毒反應。只要吞下一百五十毫克以上的劑量就會導致死亡。

像這樣人體吸收後短時間內就會發作的毒性，稱為「急性毒性」。而這些毒物的致死量，都是經過小鼠、大鼠、天竺鼠等動物實驗後得出的數據。

最常用來評量毒性的數據是「半致死劑量」，簡稱為ＬＤ五〇，是指能殺死一半實驗動物所需的毒素劑量，再換算成每公斤體重的單位劑量。

以天竺鼠來說，餵牠們吃下「每公斤體重×十五毫克」的氰化鉀後，有一半的天竺鼠會死亡。這代表，氰化鉀對天竺鼠的口服半致死劑量為十五毫克／公斤。半致死劑量數字愈小，代表毒性愈強。

狂灌醬油導致急性鹽中毒

食鹽的急性毒性半致死劑量為「三～三．五公克／公斤」。根據不同文獻記載，也有「〇．七五～五公克／公斤」或「〇．五～五公克／公斤」的數據。即使同樣是口服攝取，LD五〇在大鼠和小鼠身上的實驗結果也不同。

如果按照LD五〇以三公克／公斤來計算的話，體重六十公斤的人，只要吃下一百八十公克的食鹽，約有一半比例的人會死亡。這相當於一公升醬油中的食鹽含量（LD五〇有上下限，每個人的健康狀況也不同，即使少於這個量也可能致命）。

治療急性鹽中毒，臨床上也有讓病患喝下大量生理食鹽水，以催吐的方式進行洗胃的案例。嚴重時病患會出現臟器充血、蜘蛛膜下腔出血或腦出血等情形。一位為了自殺而喝下約六百毫升醬油的病患，昏迷指數逐漸降低（指數愈低表示愈重度昏迷），出現臉部痙攣、全身痙攣的情形，最後因為腦水腫引發腦疝，造成腦死狀態。

在這個病例中，為了降低病人體內的滲透壓，以五％葡萄糖液進行快速輸液，因而引發了腦疝。因此，對於急性鹽中毒患者的治療，降低滲透壓的速度不可過快，或應選擇腹膜透析等方法，以避免腦水腫的風險。

狂灌醬油
超級危險！
會送命哦!!

蝮蛇、章魚：可怕的生物毒素

我被蝮蛇和章魚咬了！

我被蝮蛇咬過，也被章魚咬過。

在我說到這件事時，旁人驚呼著：「全世界大概只有你有這種經驗吧！」

我在一個靠山的農村長大，從小被大自然環繞，小時候經歷過被蜜蜂螫傷、被毛毛蟲螫到引發蕁麻疹、摸到漆樹後皮膚過敏長漆瘡、吃野菇火鍋結果全家食物中毒，因此如果說到中毒經驗，應該沒人比我豐富吧！

兩個小血洞

先說被蝮蛇咬傷而中毒的事吧。

蝮蛇、普通章魚與藍環章魚

大約是二十年前的事了，那天我們全家人到長野縣的野尻湖郊遊，計畫花一天時間沿著湖畔健行一圈。

透過樹林間隙欣賞山湖美景，這麼走一圈下來大約是十四公里。我走在汽車道同時也是自行車道的環湖路徑上，開始覺得有點厭倦，於是想走下湖畔看看。

就在我撥開草叢往下走時，突然腳上傳來一陣刺痛。回到馬路上，才看到路旁立著「小心蝮蛇出沒」的告示牌。

我脫下襪子一看，腳上多出了兩個間隔約一公分的血洞，正在微微冒著血。沒有親眼看到蝮蛇，所以也沒辦法斷定是被蝮蛇咬傷，但從狀況上來研判應該八九不離十了。幸好是隔著鞋子咬的，傷口看起來不深。

針扎般的疼痛逐漸蔓延開來，我一瘸一拐的拖著傷腿回到旅館。

正好旅館裡有醫生及護理師。他們看過傷口後這麼說道：「看這情況很可能是被蝮蛇咬傷，最好趕快到醫院去！」

我趕緊到鎮上醫院就診。醫生一看，就經驗老到的說：「這蝮蛇咬的，」他開了抗蛇毒血清針劑，讓我吊了好幾個小時的點滴。「明天腳要是腫起來，要再來醫院哦！」醫生說完就讓我回去了，好險隔天腫痛的情況好轉了不少。

我從小就遇過好幾次蝮蛇，卻從來沒有想過遇到蝮蛇到底該怎麼處理。我還在當自然科老師時，也曾遇過戶外教學時，學生因為辨認不出蝮蛇的幼蛇，抓著小蛇的尾巴亂甩時被反咬一口中毒送醫的經驗。

被蝮蛇咬到的話……

根據北海道俱知安保健所網站中的〈蝮蛇咬傷的預防與處置〉，「每年死於蝮蛇咬傷的人多達十幾人，引發急性腎衰竭的重症病例更是死亡人數的好幾倍之多」。蝮蛇等毒蛇的毒液中，約有數十種不同的蛋白質，每一種蛋白質皆有其特定功能。而蝮蛇的毒液主要為「出血性毒素」，毒液會破壞人體的血管組織。

為預防蝮蛇咬傷，去山上採野菇時，沿途以長棍敲打周遭地面，以確定沒有蛇藏身其中。蝮蛇的攻擊範圍大約是三十公分左右。

蝮蛇身體有保護色，與落葉、泥土的顏色融為一體，非常難以察覺，一旦藏在落葉底下更是完全看不出來。上山時應穿著長靴，這樣一來即使不慎被咬，毒素也無法進入體內。

毒蛇咬傷可於靜脈注射抗蛇毒血清治療，也是急救必備常識。

章魚也有毒！

也許是地球暖化的影響，最近偶爾會看到關於「藍環章魚棲地北移」的新聞報導。藍環章魚的體型較小，身體表面及八隻觸腕上布滿鈷藍色的環紋和線紋，鮮豔的顏色像在警告別人牠有毒。牠的唾腺中含有名為「河豚毒素」的劇毒，一

世界十大劇毒生物

排名	生物名	種類	毒性種類	半致死劑量 mg/kg
1	毒沙群海葵	海葵	神經毒	0.00005 ～ 0.0001
2	澳洲箱型水母	水母	混合毒	0.001
3	黑頭林鵙鶲	鳥	神經毒	0.002
4	金色箭毒蛙	蛙	神經毒	0.002 ～ 0.005
5	波布水母	水母	混合毒	0.008
6	日本紅螯蛛	蜘蛛	神經毒	0.005
7	加州蠑螈	蠑螈	神經毒	0.01
8	殺手芋螺	螺貝類	神經毒	0.012
9	藍環章魚	章魚	神經毒	0.02
10	內陸太攀蛇	蛇	神經毒	0.025

引用自：今泉忠明，《最可怕的五十種劇毒生物》（SB Creative Science 出版）

旦被咬中會引起劇烈的中毒反應，澳洲就有許多人因此送命。

藍環章魚屬於「章魚科」。問題來了，如果被同樣是「章魚科」的普通章魚咬到，又會發生什麼事呢？不妨再來聽我說故事吧！

大概是比被蝮蛇咬傷再早一點的事，我跟當時任教學校的學生一起去伊豆校外教學。在海邊跟學生們互相潑水嬉鬧時，突然「咚」一聲，我的腳似乎撞上什麼硬物。

撈起來一看，原來是個圓筒狀的容器，裡面躲了隻章魚。

「我抓到章魚了！」我一邊大

叫、一邊回到沙灘上，學生們還有沙灘上的人群都圍了過來。

我張開左手，把章魚放在手掌心上，想向大家炫耀一下。章魚開始有些不安分，緩緩從我的手臂攀附而上。

就在這瞬間，一陣劇痛傳來。章魚的口囊中有喙狀顎齒，尖銳的形狀就像鳥喙一樣，鋒利的顎齒刺入我的手臂，毒液從唾腺注入皮膚中。

圍觀者們興味盎然的笑著看章魚的一舉一動。我忍著劇痛，把章魚從我手臂上拔下來。章魚得到解脫後，搖搖晃晃的走回海裡去了。

圍觀者們依舊笑鬧著，目送章魚回到海裡，我在一旁暗自握著手臂。傷口傳來一陣陣刺痛。我壓住患處後，傷口滲出透明的淋巴液，漸漸腫脹起來。

當時我沒去醫院，放著讓傷口自然痊癒，約莫一、二週後傷口才完全癒合，直到現在手臂上還留下一點淡淡的疤痕。

後來我才知道，正確的抓章魚方式，要用手指掐住章魚的外套膜，整隻提起來才對。

開發毒氣的猶太人化學家

從空氣製造出肥料

德國化學家哈柏（Fritz Haber，一八六八～一九三四）因為受限於他的猶太人身分，遲遲無法正式到大學任教。直到他三十歲那年，總算獲聘為助理教授，正式展開努力不懈的研究生涯。

一九〇六年，哈柏終於當上化學系教授，他把全部心力投注在當時化學界最大的課題：如何將空氣中的氮氣轉化為含氮化合物，也就是固氮。

當時的氮肥來源為硝石（硝酸鉀）或智利硝石（硝酸鈉）等天然礦物。氮是農作物生長不可或缺的養分之一，植物吸收含氮化合物再合成細胞所需的蛋白質，氮在當時是普遍缺乏的元素。

雖然空氣中有非常多的氮氣，但肥料中的氮必須先分解成硝酸根（NO_3^-）和銨根（NH_4^+）等含氮化合物後，才能為植物吸收利用。因此，天然的「智利硝石」或煤乾餾時產生的副產品「氨」，就成為當時產業原料或肥料的主要來源。人們開始從南美智利進口大量硝石，供不應求下也引發了資源枯竭的危機。

既然如此，不能利用大氣中占有五分之四體積的氮氣嗎？

就在眾多化學家的挑戰都宣告失敗之時，哈柏的研究露出一絲曙光。在德國巴斯夫化學公司（ＢＡＳＦ）的博施（Carl Bosch）技術支援下，他們終於成功發現能夠大規模生產「氨」的方法。

他們的方法，需要在攝氏五五〇度、二〇〇大氣壓的高溫高壓環境下，使氮氣和氫氣產生化學反應。然而這樣的要求已經遠遠超出當時化工界的經驗，因此其中最大的瓶頸，就是要開發出能夠耐高溫、耐高壓的反應器。

這個反應器的開發工作是由博施負責。雖然開發過程中鐵製反應器爆裂，害博施險些喪命，最終他還是成功的開發出在高溫、高壓下依然堅不可摧的化學反應器。

受惠於哈柏與博施發明的氨合成技術，不僅是德國，甚至是全世界的糧食產量因此獲得大幅成長。如此巨大的貢獻，也讓哈柏與博施分別在一九一八年與一九三一年獲得了諾貝爾化學獎的殊榮。

製氨法成了戰爭幫兇？

一九一三年夏天，巴斯夫公司於德國奧堡建立全世界第一座合成氨設備，運用哈柏與博施所提出的方法，大規模以空氣中的氮氣來合成氨。氨可以製造出硝酸，而硝酸正是炸藥的重要原料。

不久後，一九一四年底爆發第一次世界大戰。

哈柏與博施成功發現大規模生產氨的方法後，傳說當時的德國皇帝大嘆：「這下終於可以安心打仗了！」

在當時因海上封鎖而無法進口智利硝石的歷史背景下，這樣的傳說似乎合情合理。打仗需要大量的糧食與火藥，只要掌握了氨的製造技術，不僅可以製造生產糧食所需的氮肥，連取得製造火藥所需的硝酸也變得輕而易舉。

話雖如此，可惜那個傳說並不是真的。在哈柏與博施的製氨法尚未完成，戰爭的腳步聲已然逼近之際，化學家費雪（Emil Fischer）等人擔心糧食與火藥的供應無法支撐漫長的戰爭，而向德國政府提出建言，但他得到的答覆卻是「學者不要干涉軍事！」因為軍事當局認為戰爭不會太久，短時間內就會分出勝負。

然而，事實上第一次世界大戰最終打了五年，耗費大量的火藥。從結果來看，哈柏法製氨的工業化，無論是在糧食面或火藥面上，都在漫長戰爭中扮演著關鍵的支持作用。

從海水提煉出黃金？

第一次世界大戰結束後，德國面臨龐大的戰敗賠款。愛國的哈柏打定主意要從海水提煉出黃金，來幫忙國家償還賠款。當時的科學家們認為，每公噸的海水中含有數毫克的黃金。「只要從海水中提煉出黃金，問題就解決了！」哈柏心想。於是，他在往返於德國漢堡與美國紐約的客輪上，建立起一間祕密實驗室，反覆進行提煉黃金的實驗。

但是，哈柏實際測量海水的含金量後，發現每公噸的海水中只有微乎其微的〇．〇〇四毫克黃金（現代的科學家們認為應該更少）。耗費這麼大功夫，實際上可以提煉出的黃金卻幾近於零。如此一來，即使真的提煉成功，花費的成本將遠高於所得黃金的價值，最後只好被迫終止這個計畫。

毒氣開發與妻子的自殺

一九一五年四月二十二日，比利時的伊珀爾正陷入戰火之中，德軍與法軍兩邊對峙，正當雙方相持不下之時，一陣黃白色的煙雲乘著春天的微風，從德軍飄向法軍陣地。

煙雲蔓延到戰壕內的瞬間，嗆入毒氣的法軍士兵們無法呼吸，在胸口一陣拚命抓撓後，慘叫著一個個倒地……悲慘至極的景象有如人間煉獄。

德軍在這次戰役放出一百七十公噸的氯氣，造成法軍五千人死亡、一萬五千人中毒的慘況，這正是史上第一次正式的毒氣戰：「第二次伊珀爾戰役」。

這場毒氣戰的技術指揮官正是哈柏。「化學武器能儘早結束戰爭，挽救無數人命！」這是哈柏說服其他科學家加入毒氣開發行列時所用的說法。

早在哈柏選擇投入這場戰化學戰之前，同為化學家的哈柏夫人克拉拉卻不以為然，她深知使用毒氣的化學戰爭會造成多麼悲慘的景象，她懇求丈夫抽身、不要參與。但是，哈柏仍然一意孤行。

「和平時期，一個科學家是屬於全世界的；但在戰爭時期，他是屬於他的國家的。」「毒氣可以讓德國快速取勝！」這麼說完後，哈柏出發前往東部戰線。而克拉拉，在那天傍晚結束了自己的生命。

受希特勒冷淡對待，黯然離開德國

如果就廣義的「毒氣」而言，戰爭史上最早使用毒氣的國家其實是法國。即使他們辯稱：「我們用的溴乙酸乙酯不是毒氣，不過是催淚劑罷了！」但在法國在第一次世界大戰中首次使用毒氣（催淚瓦斯），卻是不爭的事實。

不久後，前面提到的第二次伊珀爾戰正式開啟毒氣戰的序幕，英軍與法軍也接連開始以氯氣展開報復。

毒氣等化學武器年表

日本	年份	世界
	1914	第一次世界大戰爆發
	1915	德國於比利時的伊珀爾戰役，首次使用毒氣
	1925	各國簽署《日內瓦議定書》約定禁止使用化學武器，
滿洲國成立	1932	
	1935	義大利於衣索比亞戰爭使用毒氣
日本軍在中國戰線開始使用毒氣	1937	
廣島、長崎遭原子彈轟炸	1945	
	1988	伊拉克在庫德族自治區使用毒氣
東京地鐵沙林毒氣事件	1995	
	1997	聯合國《禁止化學武器公約》生效

於是，無論是德國或協約國陣營（主要由法、俄、英、日、中、義、美等國家組成），雙方都動員最優秀的科學家，積極投入毒氣研究與製造。

當各國針對氯氣攻擊開始普遍配戴防毒面具，科學家就研發出光氣，不僅毒性比氯氣強十倍，還具有高度窒息性，吸入時會引起重肺的氣腫。之後又研發出芥子氣，無色、高刺激性，接觸到就會讓皮膚灼傷並紅腫潰爛。而這些發明的關鍵領導者，就是哈柏。

可惜好景不常，希特勒成為德國總理後，猶太人的處境彷彿瞬間跌落谷底。即使是像哈柏這樣真心愛國且貢獻卓越的化學家，也不得不被迫卸下威廉皇帝研究所所長一職。

身心俱疲的哈柏離開德國，在瑞士靜養了一段時間。之後，受友人之邀前往英國講學，但他因參與毒氣戰而遭受英國人憎恨，因而在英國過得並不順遂。

失意絕望下，哈柏離開英國前往瑞士療養身心，一九三四年一月二十九日，在瑞士逝世，結束黯然的晚年。

喝可樂會溶掉牙齒和骨頭？

如果把牙齒或骨頭浸泡在飲料中……

在消費者運動盛行之下，曾經有段時間很流行「把拔掉的牙齒或魚骨浸泡在可樂中」的實驗。沒錯，牙齒或骨頭泡在可樂裡，的確會漸漸軟化溶解。

藉著這個實驗結果，開始有食安名嘴大肆評論：「喝可樂會讓體內的骨頭溶解！」一連串標榜可樂有多致命的話題。

牙齒和骨頭，簡單說是一種名為磷酸鈣的化合物（更精確的說，成分近似氫氧基磷灰石這種礦物「$Ca_{10}(PO_4)_6(OH)_2$」）。

牙齒和骨頭在酸性物質的作用下，為什麼會出現脫鈣現象並逐漸軟化呢？

很多人認為「一定是可樂裡面的碳酸害的吧？」但碳酸其實是就是融入水中的二

氧化碳，以酸性來說根本微不足道，並不是造成骨頭溶解的主因。

事實上，真正造成實驗中牙齒和骨頭溶解現象的原因，是飲料製作過程中，為了提升風味而添加的酸味劑，例如磷酸或有機酸（檸檬酸、蘋果酸等）。因此這類飲料的pH值約為二．五～三．五，呈現酸性。

換句話說，與可樂相比，含有檸檬等酸性成分的汽水將更容易引起牙齒脫鈣現象。

連體內的骨頭都能溶化？

我們喝飲料時，在口腔中的飲料會接觸牙齒表面，容易造成牙齒的鈣質流失。但當喝下飲料之後，會直接進入我們的消化系統，酸味劑根本不會接觸到骨頭，自然就不可能會把骨頭溶化。

說到這裡，就不能不提到胃液。人體每天都會分泌一到二公升的胃液，胃液中含有鹽酸，pH值為一．五～三．五，酸性相當強。如果為飲料中的酸味劑會溶掉身體裡的骨頭，那麼我們的胃液豈不是更可怕、更值得擔心了嗎？

還有一派更進階一點的說法認為：「磷與鈣的最佳攝取比例為一：一～二，可樂中添加的磷酸會導致人體內的磷鈣比例失衡，人體為了調節血中鈣質濃度，就會將骨頭中的鈣質抽離出來」。

磷是構成生物體的重要元素，存在於生物體內所有組織及細胞中。基因的主體「ＤＮＡ」，以及體內負責傳遞能量的「ＡＴＰ（腺苷三磷酸）」，當然也有磷的存在。況且，就算不吃食品添加物，磷還是普遍存在於所有食物中。

因此，我們原本就會從各種天然食物中攝取到磷元素，就算避開所有添加了磷的飲料或加工食品，能夠減少的磷攝取量也是相當有限。

只要不暴飲暴食，適量喝些飲料、吃些加工食品，是不用擔心磷攝取過量的問題的。

「喝可樂骨頭會溶化」都是都市傳說啦……
哈啊～真好喝

07

關於「泡湯」「泡澡」的謠言與真相

「鍺」有療效是沒有根據的說法

談到「鍺」這種金屬，許多人的第一印象往往是「有益健康」。光是配戴含有鍺元素的手環等飾品，就能「改善貧血」、「消除疲勞」、「流汗」、「促進新陳代謝」，像這樣大肆宣稱鍺有療效的產品充斥在市面上。

針對市面上十多個品牌的鍺手環，日本國民生活中心曾對這些宣稱有益健康的產品展開調查後發現，所有手環的鍊帶都不含鍺元素，其中七個品牌在金屬球的部分檢測到微量的鍺，也有品牌根本整條手環都不含鍺元素。而最嚴重的問題是，廠商大肆宣揚的促進健康等療效，完全是沒有科學根據的說法。

此外，無機鍺與有機鍺的食用也是嚴格禁止的。一九七〇年代曾掀起一波鍺保健食品的風潮，當時有人因為吃了含「無機鍺」的健康食品而送命，而選擇吃「有機鍺」的人也是一樣下場，不是生病就是送命。

市面上還有一種「鍺溫浴」，是先把含有鍺元素的化合物溶入四十到四十三度的熱水中，再將手腳泡在熱水裡十五到三十分鐘。

業者在網站上對「鍺溫浴」的療效做了以下說明：「有機鍺可以在人體內生成大量氧氣。鍺元素經由皮膚呼吸作用被人體吸收溶入血液中，可增加血液中的含氧量，通過血液循環將氧氣送往全身，進而提高新陳代謝。」

「有機鍺的溫度在三十二度以上時，會釋放出負離子及遠紅外線，經人體吸收後，可以達到溫熱身體並促進新陳代謝的效果」。

我們不妨想一想，如果鍺真的可以經由皮膚吸收進入血液中，那跟下場應該跟直接吃進肚子裡沒什麼兩樣了吧。

再說，所謂「增加」血中的含氧量，那些氧氣到底從何而來？假使真的有大量氧氣進入細胞中，別說是促進健康了，這樣強烈的氧化力反而會對身體造成不良影響。事實上，鍺根本沒有業者宣稱的那些療效，也因此沒有聽聞消費者健康受損。

負離子的療效也是一場騙局？

據我所知，所謂「負離子」的療效從來沒有獲得科學上的實證，但世上仍然有很多人下意識將「負離子」與「有益健康」劃上等號，也因此很多商品的推廣和說明上都會看到這個行銷用語。

不用「負離子」而用「釋放電子」這個概念來說明療效的商品也很多，「能量手環」就是其中之一，就跟鍺的騙局一樣，日本國民生活中心的調查結果證實，能量手環根本是沒有科學根據的說法。結果到頭來，所謂的「鍺溫浴」，即使有熱水溫暖手腳的效果，卻沒有科學能證實鍺的療效。

遠紅外線這樣的特殊電磁波，往往讓人腦中浮現「身體吸收後可以變暖和」的印象。但其實，絕大多數物體都會釋放出遠紅外線，三十二度的物體釋放出的遠紅外線也溫暖不了人體，甚至連皮膚的一毫米都穿不透。

此外，沒有消費者因為泡了「鍺溫浴」而健康受損，跟當成保健食品吃下肚結果送命的案例大不相同，不也間接證實了光是泡澡，鍺幾乎不會被人體吸收嗎？

岩盤浴是細菌的溫床？

「岩盤浴」的療效說明跟「鍺溫浴」大同小異，基本上，只要看到療效說明中出現「遠紅外線」和「負離子」之類的字眼，這類說明八九不離十是偽科學。

我們時常看到「遠紅外線會滲透到身體最深處，能活化細胞」之類的說明，但事實上，遠紅外線只能穿透皮膚最表層大約〇．二毫米的深度，然後轉變為熱能。在缺乏科學和醫學根據的情況下，就宣稱具有「活化免疫力」、「提升免疫力」等療效，明顯有誤導消費者之嫌。

此外，也經常看見「幫你排出體內毒素（汞、鉛、鎘等）」強調排毒效果的說明。畢竟這類溫浴療法是讓人體發熱流汗，當然多少會排出體內廢棄物，但要說能「清光」體內廢棄物，就實在過於誇大不實。

岩盤浴不需要浴缸，只要公寓大廈一間房間的空間，不必花什麼成本，簡單就能開業，甚至有些店家連淋浴間都沒有。

而最嚴重的是衛生問題，二〇〇六年，某週刊有一篇專題報導指出「東京都內的岩盤浴會館地板檢測出大量細菌，高達一般家庭地板的二百四十倍之多」。

如果保持室內通風，注意場內的清潔、消毒，可以大幅降低細菌繁殖的可能性；但若是衛生管理不佳，恐怕會成為細菌和黴菌大量滋生的溫床。

冷的也算溫泉

「哇～這溫泉太棒了！」

浸泡在溫泉裡總讓人感覺身心靈都被洗滌了，對吧！

那麼，你知道日本總共有多少溫泉設施嗎？根據日本環境省二〇一八年度的統計資料☆，附帶住宿設施的溫泉，全日本已超過一萬兩千個。

這還是附有住宿設施的溫泉數目，那些山林中罕為人知的祕境溫泉，以及單純泡湯不能住宿的溫泉都還沒算進去呢，所以實際上的數字應該會更多。世界上沒有其他國家的溫泉密度像日本這麼高，日本是名副其實的溫泉大國。

說到「溫泉」，一般人總會聯想到「從地底冒出熱呼呼的泉水」。但像我居住的千葉縣就有十五度、十六度、十七度、十九度的冷溫泉，東京都甚至有十二度的溫泉。像這樣的冷泉，大多會加熱後再供給客人泡湯。那究竟為什麼，湧出的泉水明明溫度很低，也能稱為溫泉呢？

日本於一九四八年制定的《溫泉法》明確定義了何謂溫泉。地底湧出的溫水、礦泉水、水蒸氣及其他氣體（主成分為碳氫化合物的天然氣除外），溫度達二十五度上，或含有特定十九種物質中的一種即為溫泉。換句話說，湧出的泉水溫度在二十五度以上，或是即使低於這個溫度，只要含有十九種物質中的一種就算是「溫泉」了。地底冒出的不是熱呼呼的泉水也是溫泉。還有，只要溫度在二十五度以上，就算完全不含特定成分也算溫泉。

☆編註：此處更新為二〇一八年的新數據。

溫泉的功效

- 溫熱效果
- 靜水壓力帶來的效果
- 溫泉成分帶來的效果
- 易地療養效果

功效顯著的二氧化碳泉

每次去泡溫泉，都能看到寫著適應症的看板。市面上有形形色色的溫泉，標榜各種泉質對應的療效，但是卻很少看到有哪種泉質，在生理學或醫學上真的具有明確治療的效果或功效。

這麼看來，與其說溫泉所含的成分有治療的效果和功效，倒不如說，泡溫泉使體溫升高後，進而刺激末梢神經、促使激素分泌、活化免疫系統、促進新陳代謝，才是人們普遍認為溫泉有益健康的原因。

適應症、禁忌症範例

常見的溫泉適應症

神經痛、肌肉痠痛、關節痛、五十肩、運動麻痺、關節僵硬、跌打損傷、扭傷、挫傷、慢性消化系統疾病、痔瘡、手腳冰冷、病後恢復期、消除疲勞、促進健康

常見的溫泉禁忌症

急性病（特別是有發燒症狀時）、開放性肺結核、惡性腫瘤、嚴重心臟病、呼吸衰竭、腎衰竭、出血性疾病、重度貧血、患有其他一般疾病、懷孕中（特別是初期與末期）

另外，在綠意盎然的溫泉療養地悠閒的泡溫泉，也能達成放鬆和轉換心情的「易地療養效果」。

但凡事一體兩面，泡澡放鬆身心的同時也會消耗體力。而且，對一般人而言是優點的促進血液循環、活化細胞，對某些有痼疾的人而言，泡溫泉反而會造成症狀惡化。另外，年長者因為感覺神經退化，對溫度的感受變遲鈍，往往容易泡太久而熱到眩暈、虛脫，因而造成心臟過大負擔，甚至引起腦出血。

業者對於溫泉的療效，通常只會寫一些無傷大雅的功效，看不到什麼

突破性的治療效果。其實這也是因為日本《藥事法》明文禁止溫泉業者寫出溫泉「可治癒癌症」、「可治癒糖尿病」等對特定疾病有療效的字眼。

反而，泡溫泉的禁忌症中，結核病、心臟病、癌症（惡性腫瘤）等患者常被列入不宜泡溫泉的對象中。

雖然也有「泡溫泉治好癌症」之類的市井傳聞，但往往都只是個人經驗談，拿不出科學上的實證。

然而，卻有一種溫泉公認效果出眾，也就是二氧化碳泉。

「二氧化碳」是日本《溫泉法》中規定的十九種物質的其中一種。在二氧化碳泉（又稱碳酸泉）中，每公斤的泉水含有一千毫克的二氧化碳。

二氧化碳能促進血管擴張。血液中二氧化碳增加，意味著人體透過呼吸作用，不斷將細胞中的營養素及氧氣轉化成能量，並不斷代謝出二氧化碳的過程。

血液中的二氧化碳一旦增加，身體就會判斷目前為缺氧狀態，於是開始拚命把氧氣送進細胞內，努力把二氧化碳排出體外。如此一來，身體為了讓負責搬運氧氣和二氧化碳的血液大量循環，就會擴張血管。因為血液循環變好，所以泡溫

皮膚上布滿二氧化碳的氣泡

泉時皮膚總是會漸漸變紅。

泡二氧化碳泉時，二氧化碳會從皮膚滲透進體內，促進微血管和小動脈擴張，連帶著主動脈和大靜脈的血管也開始擴張，循序漸進地促進血液循環，對心臟負擔也比較小。血液循環變好，新陳代謝也會變好。如此一來不僅可以消除疲勞，肌肉痠痛或受傷也能提早痊癒。

不經過加熱處理，保留原始溫度的純天然二氧化碳泉，在日本非常少見。其中之一位於大分縣西南部的竹田市，在九重連山山腳的長湯溫泉鄉。

作家大佛次郎在他的旅行記中，把這裡的溫泉評為「汽水之湯」。沿著潺潺流水，芹川邊稀稀落落的佇立著十多家旅館，構成寧靜淡雅的長湯溫泉鄉。我住進其中一家溫泉旅館，除了旅館內的二氧化碳泉之外，也盡情享受露天的「汽水溫泉」。

泡湯時可以看到皮膚上漸漸布滿二氧化碳的氣泡。泉水溫度雖然才三十二度，卻能讓身體變得暖烘烘的，全身肌肉放鬆之下，讓人不知不覺就泡了兩個小時以上。

「在家泡二氧化碳泉不是夢？」以此為構想，最近有廠商開發出一款入浴劑，只要在放滿水的浴缸內加入這種入浴劑，就能產生二氧化碳，其成分是反丁烯二酸和碳酸氫鈉。

08

「鹼性食物對身體好」都是騙人的

怎麼區分酸性食物或鹼性食物？

嚐起來明明很酸的酸梅和檸檬，卻成了大家口中的「鹼性食物」，但無論是酸梅還是檸檬，實際用石蕊試紙等酸鹼指示劑去測試後，都是千真萬確的「酸性」。

也就是說，號稱是「鹼性」的食物，本身的成分卻不一定是鹼性。

其實這套「酸鹼飲食理論」，區分食物酸鹼性的方法是這樣的：把食物燒成灰後，測試灰燼的酸鹼性，如果呈鹼性，就稱之為「鹼性食物」；如果呈酸性，就稱之為「酸性食物」。

酸梅和檸檬嚐起來很酸，是因為成分中有一種有機酸「檸檬酸」，而檸檬酸是由碳、氫、氧組成，所以燃燒後就變成二氧化碳和水。剩下來的灰燼主要成分是碳酸鉀，其中含有大量鹼性的鉀元素，當然測出來就呈現鹼性了。

其他像是蔬菜、水果、大豆和牛奶等也被歸類為「鹼性食物」。這些食物中富含構成鹼性物質的鉀、鈣、鎂等元素。

硫與磷燃燒後會生成二氧化硫（溶於水中會形成亞硫酸）和五氧化二磷（溶於水中會形成磷酸）。因此，成分中含有較多硫、磷等元素的食物，就被歸類為「酸性食物」。例如：米、小麥等穀物或肉、魚、蛋等高蛋白食物。

吃酸性食物會變成酸性體質？

約莫數十年前，在當時日本較舊的營養學觀點中，認為食物有酸性、鹼性之分，多吃酸性食物就會變成酸性體質，多吃鹼性食物則變成鹼性體質。另一方面，當時的醫學已經證實人體的血液是弱鹼性，因此才有「攝取酸性食物會使血液變酸性，有礙健康」的說法。

食物燒完的灰燼可以判定食物的酸鹼性，這個理論必須在「燃燒食物可以模擬食物在人體內消化代謝的過程」這個大前提下才能成立。

然而，燃燒是在數百度高溫下所產生的強烈氧化反應，跟人體新陳代謝的生化反應完全無法相提並論。在醫學進步下，現在人體會發生的各種生化反應都已漸漸研究透徹，證實了「特定食物經消化之後，會讓人體變成酸性或鹼性」的說法，根本是不可能發生的事。

人體的血液是非常接近中性的「弱鹼性」，其pH值精確的維持在七．四，即使有變動也不會超出七．三五～七．四五這個範圍。

血液的pH值一旦變動過大，就會引起各種身體機能障礙，例如蛋白質高級結構發生變化，或嚴重影響人體酵素的活性等。

因此，人體有自動調節機制以維持體內的酸鹼平衡。例如，腎臟和肺就有協助人體調節血液酸鹼平衡的功能，而在體液的酸鹼平衡調節過程中，「碳酸氫根」扮演了至關重要的角色。

首先，人體的體液中存在氫離子和氫氧根離子，氫離子是讓體液變成酸性的

人體內酸鹼平衡的調節機制

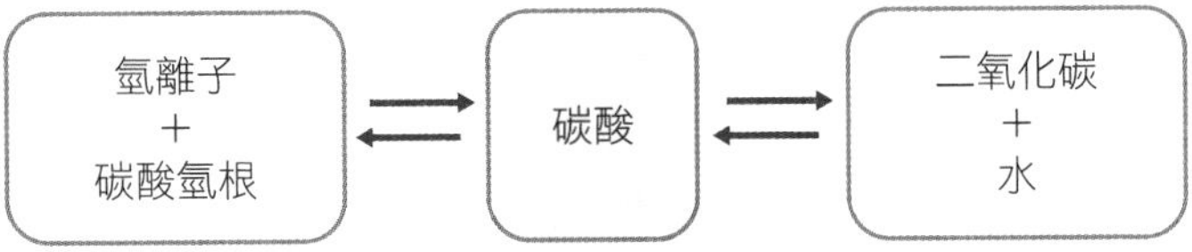

原因；而氫氧根離子是讓體液變成鹼性的原因。

體液中的氫離子一旦變多，也就是體液變酸的話，這時氫離子會與「碳酸氫根」結合，生成「碳酸」。這樣一來，體液中的氫離子就會減少，適時地使pH值上升，將體液調節回到恆定的「酸鹼度」。而生成的「碳酸」會分解成二氧化碳與水，最後再透過呼吸作用，從肺部排出多餘的二氧化碳。

相反的，當體液中的氫離子變少、氫氧根離子變多，也就是體液中鹼性過高的話，體液中的碳酸就會分解成氫離子與碳酸氫根，適時增加的「氫離子」使體液的pH值下降。而增加的氫離子最後再與體液中的「氫氧根離子」結合成水，氫氧根離子減少，使體液的「酸鹼度」回到正常範圍。

其他像是磷酸或蛋白質等成分，也會啟動身體的酸鹼平衡自動調節機制。

所以，就算一直吃大家說的「酸性食物」，也不會因此變成酸性體質。事實上，以前就有人做過相關實驗，分別讓人連續吃十天酸性食物或鹼性食物，再檢測他們血液的酸鹼值，結果也證明，飲食並不會影響血液的酸鹼度。

的確，世界上也有人血液是偏向酸性的，但那不是飲食習慣造成，而是因為肺或腎臟等疾病影響身體的代謝功能。人的血液一旦變成酸性是活不久的。

另外，如果血液中鹼性過高的話，則會造成心悸、呼吸困難、噁心想吐、手腳發麻等症狀。

如果血液的pH值超出六．八～七．六的範圍，也就是說，血液不管變得太酸或變得太鹼，都會導致生命危險。

鹼性飲食對身體很好？

直到現在，似乎還有為數不少的日本人看到「鹼性」二字，就下意識認為「有益健康」。歐美的營養學界認為把食物分類為酸性、鹼性的觀點毫無意義，而完全捨棄這種說法後，還是有少數營養學家緊抓著這個老舊的觀點不放，這不正是因為「肉是酸性食物，所以吃多了才對身體不好」、「蔬菜是鹼性食物，所以多吃才有益健康」這類的想法已經深植人心的關係嗎？

現在依然有業者利用這種觀點，把「鹼性」當成推銷食品、飲料的賣點，對營養學沒有研究的人很容易就會上當。我們不該再繼續用食物燒完的灰燼，來判定食物的酸鹼性，也不該讓這類用語繼續流傳下去。

然而，日本有些自然科學教材中卻還有「酸性食物、鹼性食物」的相關說明。在這些沒有科學根據的資料助長之下，錯誤的鹼性飲食健康說只會繼續流傳下去，不斷誤導世人。

仔細一想，我們每天必吃的主食「米飯」等穀物，都被歸類為酸性食物，如此一來，我們豈不應該少吃米飯？事實上，我們不該用酸性食物或鹼性食物來考慮營養均衡，而應該均衡攝取三大營養素、礦物質及維生素，才是維持健康的長久之道。

Part3

01

摺紙用的銀色紙張是金屬？

物質可粗分為三大類

世界上的物質按照其組成結構，大致可以分為以下三種類型：

一、由分子組成的物質（分子化合物）。

二、由離子組成的物質（離子化合物）。

三、只由金屬原子構成的物質（金屬）。

除此之外，也有像鑽石或是聚乙烯這類由高分子組成的物質，無法歸類到這三種中的任何一種，我們在此先略過不談。

在固體的狀態下，且結構呈規則排列時，第一種物質稱為分子晶體；第二種物質稱為離子晶體；第三種物質稱為金屬晶體。

三大物質

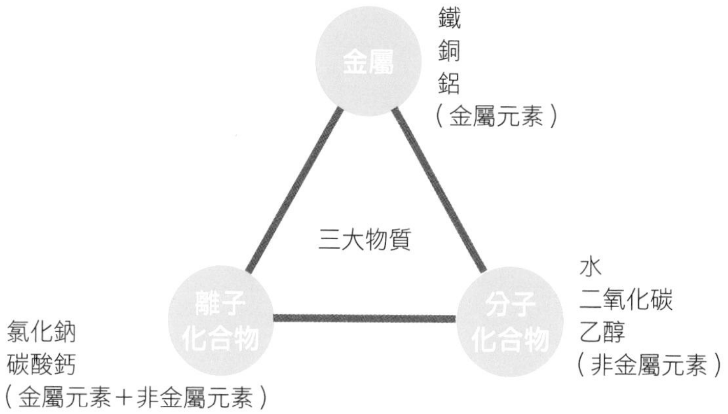

這三種物質的性質各不相同：分子晶體質地較軟且熔點低；離子晶體質地堅硬且熔點高；金屬晶體具有金屬光澤，以及良好的導電性和導熱性。

這三種物質中，由金屬原子構成的物質，當然只包含了金屬元素；分子組成的物質，是由非金屬元素形成；而離子組成的物質，則是由金屬元素及非金屬元素所形成的。

亮亮的表面是金屬特有的光澤

元素週期表上列出的一百多種元素中，金屬元素就占了八成以上。

金屬的三大特徵

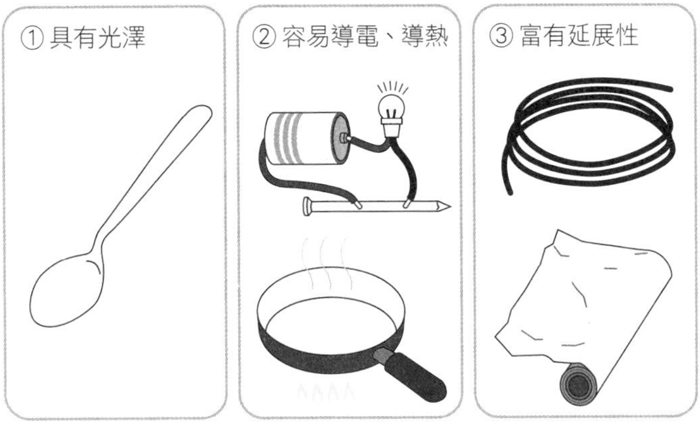

金屬元素的原子大量聚集後所形成的「金屬」物質，具有以下三大特徵：

一、金屬光澤。

二、良好的導電性、導熱性。

三、延展性。

延展性是「延性」及「展性」兩種性質的合稱。延性是指物質在外力作用之下能夠被延伸變長而不會斷裂的性質；展性是指物質受到敲打後可以壓成薄片的性質。

大量金屬原子結合成金屬晶體時，有相當多的電子會脫離原子成為自由電子。當光線照射到金屬表面時，光會被自由電子吸收，又幾乎都再放射出來，於是就形成了閃閃發光的金屬光澤。

當金屬原子與非金屬原子結合時，金屬原子會失去自由電子，轉移到非金屬原子中。換句話說，金屬元素與非金屬元素形成化合物後，就不再是金屬了。舉例來說，鐵的氧化物是「金屬」的鐵與「非金屬」的氧形成的化合物，因此不具有金屬的性質。

鐵、銅、銀、金等金屬表面經過拋光研磨後會閃閃發亮，這是金屬特有的「金屬光澤」。有時候硬幣的表面會因為生鏽而變成暗褐色，這時候只要將表面的鏽斑去除，就能重現原本的黃銅色金屬光澤。

絕大部分的金屬光澤都是銀色的，除了銀色之外，也有像銅的紅銅色、黃銅色光澤，或是黃金的金色光澤。

古代的鏡子與現代的鏡子

古時候的人利用金屬光澤來當作鏡子（青銅鏡）。歷史課本上常會看到有著

鏡子的構造

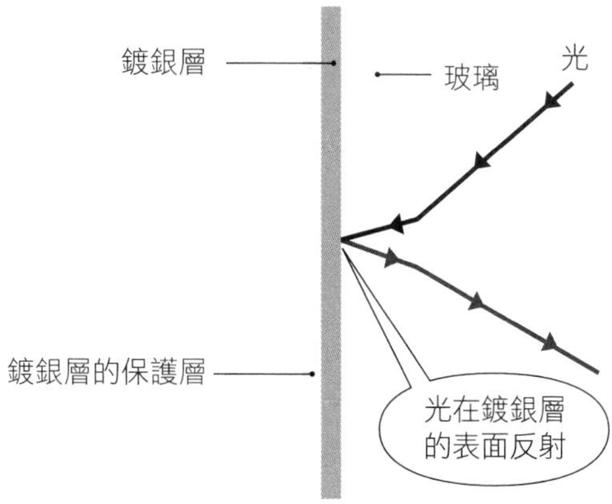

精美刻紋的青銅鏡背面照片，但其實當作鏡子使用的正面是閃閃發亮的金屬光滑面。這也不難理解，畢竟鏡子的造型和背面的花紋，才是歷史這門學問更關注的焦點。

青銅鏡在長期使用下，鏡面會漸漸變得模糊不清。因此，江戶時代出現一種專門以磨亮鏡子的工匠職業，他們會利用醃製酸梅產生的梅子醋，來去除鏡子上的鏽斑，再薄薄鋪上一層水銀，讓鏡面重新變得亮晶晶。

那麼，我們現在使用的玻璃鏡也有用到金屬嗎？其實只要用砂紙一點一點輕磨鏡子背面，就能看到內層的銀色金屬面。不過打磨時要特別小心，磨得太深可會把鍍銀層磨掉變成透明的。而那層銀色的鍍銀，導電性非常好。

我們現在使用的玻璃鏡，表層是玻璃，玻璃內面鍍了一層銀，為了防鏽，鍍銀上面又塗了一層保護層，所以金屬光澤不會因為生鏽而消失，鏡面可以長保晶亮。

最熟悉的金屬：硬幣

我們生活周遭有很多東西都是金屬做成的，例如每天都會摸到的「硬幣」就是其中一個例子。以日本目前流通的硬幣為例，共有六種：一日圓硬幣、五日圓硬幣、十日圓硬幣、五十日圓硬幣、一百日圓硬幣、五百日圓硬幣。

你知道這六種硬幣中，有哪些硬幣的材料只用到一種金屬嗎？換句話說，不是合金的硬幣有哪些？所謂「合金」就是指，某種金屬中熔合了其他金屬或是碳之類的非金屬元素。

正確答案是，只有一日圓硬幣不是合金。一日圓硬幣是百分之百純鋁做成

日圓硬幣的材質一覽表

1日圓硬幣	鋁 100%（鋁幣）
5日圓硬幣	黃銅 ⇨ 銅 60% ＋ 鋅 40%（黃銅硬幣）
10日圓硬幣	青銅 ⇨ 銅 95% ＋ 鋅 3 ～ 4% ＋ 錫 1 ～ 2%（青銅硬幣）
50日圓硬幣	白銅 ⇨ 銅 75% ＋ 鎳 25%（白銅硬幣）
100日圓硬幣	白銅 ⇨ 銅 75% ＋ 鎳 25%（白銅硬幣）
500日圓硬幣	鎳黃銅 ⇨ 銅 72% ＋ 鎳 8% ＋ 鋅 20%（鎳黃銅硬幣）

的，其餘硬幣則是銅合金。金屬做成合金後常會改變原本的性質，例如，變得更加堅固耐用，因此生活中的金屬常做成合金使用。

十日圓硬幣看起來像是純銅製成的，但其實裡面熔合了鋅和錫。

為了讓人們一眼就能區分不同幣值的硬幣，從外觀上有無穿孔、形狀大小的不同、以及各種合金呈現出的不同色澤，即可輕易辨別這些硬幣。

另外，高面額的五百日圓硬幣，為了讓人難以仿造，材質組成非常複雜。合金的組成只要稍有不同，重量、磁性等性質也會有所不同，因此

小燈泡實驗組的通電實驗

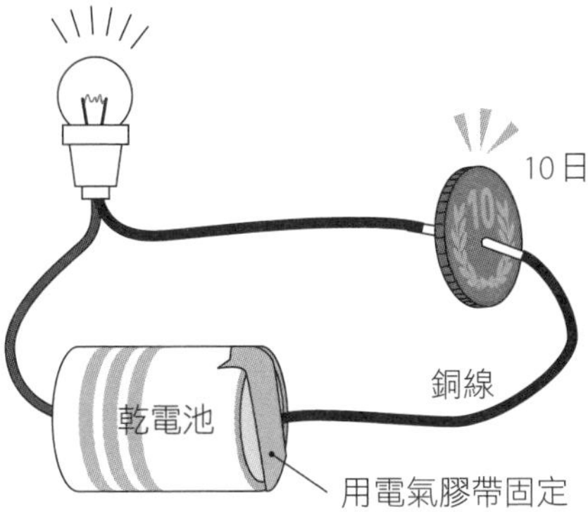

自動販賣機能輕易辨別硬幣的真偽。

金屬表面經過研磨後會閃閃發亮，這是金屬特有的「金屬光澤」。硬幣也是由金屬製成，所以研磨後也會閃閃發亮哦！

日圓硬幣的材質各不相同，五日圓是黃銅硬幣；十日圓是青銅硬幣；五十日圓及一百日圓是白銅硬幣；五百日圓則是鎳黃銅硬幣。

硬幣可以通電？

用電線將乾電池及小燈泡連接起來，其中一端電線是斷開的，斷開的電線中間再接上容易導電的東西後，小燈泡就能發光。這個簡單的電路裝置稱為「小燈泡實驗組」，可以用來檢測物體的導電性。

我們在這個電路裝置中使用散發紅銅色金屬光澤的銅板和銅線當導體後，小燈泡亮了。這是因為銅是一種非常容易導電的金屬，所以常拿來製作成電線。

問題來了，一樣散發著金屬光澤的一日圓硬幣（鋁幣）、五日圓硬幣（黃銅硬幣）、十日圓硬幣（青銅硬幣）、五十日圓與一百日圓硬幣（白銅硬幣）、五百日圓硬幣（鎳黃銅硬幣）也會通電嗎？

各位讀者一起來猜猜看吧！

除了一日圓硬幣之外，其餘硬幣都是銅合金。我們先用看起來偏紅銅色的十日圓硬幣來試試看，結果，小燈泡亮了。實驗之後發現，從一日圓到五百日圓硬幣，全部都會通電。

除了硬幣以外，還有什麼東西也能導電呢？我們用鉛筆盒和裡面的文具來試試看吧，結果發現，只要有銀色金屬光澤的金屬材質文具都能通電。那麼同樣是金屬製的湯匙和水龍頭又是如何呢？果然也能通電。擁有金屬光澤而且可以導電的話，基本上就代表那是「金屬」。

摺紙用的銀色和金色紙張的真面目

那麼你是否會好奇，如果換成是鋁製的窗框，或是摺紙用的銀色和金色紙張，是否也能導電？

鋁是一種特性活潑、容易氧化的金屬，只要接觸到空氣（氧氣）和水就容易生鏽，即使放著不動，鋁的表面也會自然生成一層牢固緊密的薄膜。這層薄膜是鋁與空氣中的氧反應生成的氧化膜，也就是俗稱的「生鏽」。不過鋁生鏽後生成的氧化膜具有保護作用，能夠阻絕空氣，防止鋁繼續氧化。

這層氧化膜可以透過人為加工的方式增加厚度，形成更加牢固緊密的保護膜。鋁窗表面的「陽極處理」就是利用這個原理。陽極處理是日本人的發明，為了讓產品更加堅固耐用，我們生活中常見的鋁製便當盒等鋁製品也都經過陽極處理。然而，這層氧化膜已經不再是金屬，若以小燈泡實驗組測試導電性質，小燈泡並不會亮起。

如果用砂紙磨擦金屬表面經過陽極處理的部分，露出的內層金屬就能導電。但是，這層保護膜一旦被磨掉，露出的內層金屬與空氣接觸後就會開始氧化腐蝕，所以千萬不能磨掉金屬表面的保護膜。

至於散發著金屬光澤的摺紙用銀色和金色紙張究竟能不能導電呢？實際用小燈泡組實驗後，銀色紙張可以導電，這是因為，銀色紙張其實是在紙上貼了一層很薄的鋁箔。

金色紙張無法導電，但用力往下壓的話，有時候也會通電。為什麼會這樣呢？可以用砂紙輕輕磨擦金色紙張，或是用面紙沾去光水擦拭金色紙張表面，就會露出底下銀色的部分，這層銀色部分是可以導電的。原來金色紙張的真面目，就是在銀色紙張上又加了一層橙色透明塗料。

因為那層塗料不是金屬，所以無法導電。至於，為什麼用力往下壓有時候也會通電，則是因為往下壓時塗料會被破壞而接觸到底下的金屬。像金屬這樣容易導電的物體，我們稱之為「導體」；而金屬之外的物體幾乎都不會導電，我們稱之為「絕緣體」。

02 鈣是什麼顏色？

說到鈣的話，你會想到什麼？

如果有人問你：「鈣是什麼顏色？」你會怎麼回答呢？

有個先決條件，這裡說的「鈣」不含其他元素，是只由鈣原子組成的物質。當我提出這個問題時，最常聽到的答案是「白色」。大概是因為多數人對於鈣的印象與牛奶有關，所以回答「白色」的人總是特別多。

在骨頭、蛋殼、小魚乾裡面也都富含鈣質，於是大家印象中往往覺得它們是由鈣所構成。但事實上他們的成分都不單只有鈣，而是鈣原子與其他原子結合而成的化合物。

骨頭的成分其實是磷酸鈣，是由鈣、磷、氧結合後組成的物質；而蛋殼的成

鈣、鋇屬於鹼土金屬

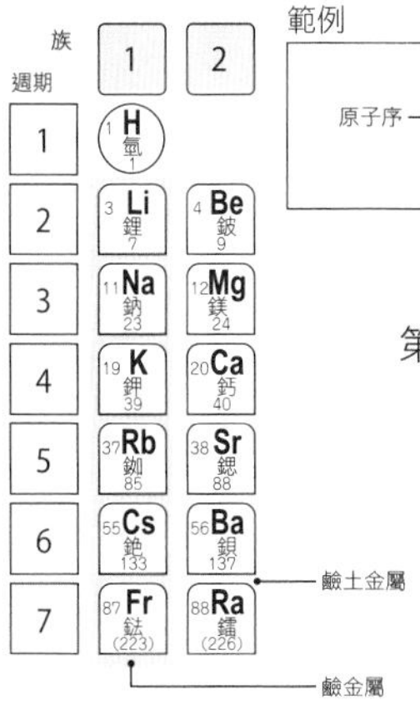

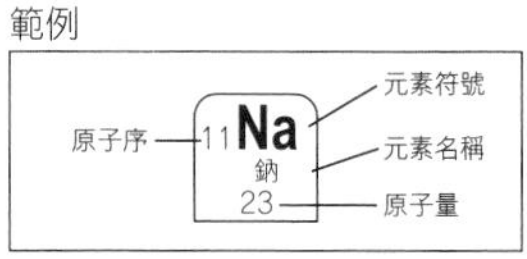

元素週期表上
第 1 族與第 2 族的元素
除了氫以外，
都是金屬元素。

分則是碳酸鈣，是由鈣、碳、氧結合後組成的物質。

單純由鈣原子組成的物質，其實是質地堅硬的銀色金屬。

把鈣丟入水中，會冒出大量泡泡並漸漸溶化，那些泡泡裡面是氫氣。當鈣完全溶於水中後，就變成氫氧化鈣水溶液（石灰水）。

問題來了，那麼單純由鋇原子組成的物質又是什麼顏色呢？說到「鋇」，就讓人想起做胃部「X光檢查」之前，要先喝下一杯乳白色的液體。所以鋇是白色的嗎？

做胃部「X光檢查」時喝的

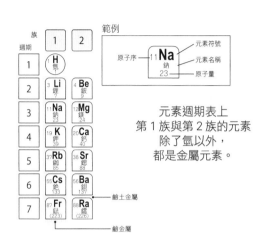

「鋇」，其實是一種名為「硫酸鋇」的化合物。不含其他元素的鋇是銀色的。

如果手邊有元素週期表，你可以清楚看到，從上層的鋁元素開始有一條階梯狀的界線，把金屬元素與非金屬元素區隔開來。那條界線的左邊全部都是金屬元素（第一族的氫除外）。鈣和鋇也在左邊這個區塊中，屬於金屬元素。金屬是一種全由金屬元素的原子組成的物質，除了金、銅之外大部分金屬都是銀色的，而且具有良好的導電性質。

最具代表性的鈣化合物：石灰

你聽過「石灰」嗎？狹義上是指「生石灰」，廣義上則包含「石灰石」及「熟石灰」等物質。而天然的石灰石，就是由碳酸鈣所形成。

我們常見的蛋殼或貝殼，主要成分也是碳酸鈣。若以高溫加熱石灰石，就會釋出二氧化碳，形成生石灰（氧化鈣）。

生石灰遇水之後會大量發熱，變為熟石灰（氫氧化鈣）。熟石灰的水溶液就是石灰水，把二氧化碳通入石灰水中，會產生白色的沉澱物，這些沉澱物的成分與石灰石相同，就是碳酸鈣。

操場上用來畫白線的白色粉末就是「石灰」。過去我們常用「熟石灰」來畫白線，但由於熟石灰是強鹼性，萬一有人跌倒擦破皮，傷口沾到熟石灰的話非常危險。因此，為了安全起見，現在都改成用碳酸鈣的粉末畫白線了。

另外，我們吃煎餅或海苔等零食時，袋子裡都會有一包乾燥劑。乾燥劑種類繁多，有顆粒狀的（矽膠）也有白色粉末狀的（生石灰）。而後者，就是利用「生石灰＋水↓變成熟石灰」的化學反應，使生石灰吸收空氣中的水分，保持食品乾燥。乾燥劑的包裝上都會標示「不可食用」的警語，

不過，萬一不小心把乾燥劑吃下肚子裡，會發生什麼事呢？

矽膠是一種無味、無臭的物質，即使不小心吃下肚也不至於中毒。但是，尚未吸收水分的生石灰（氧化鈣），如果接觸到嘴巴裡的口水就會產生放熱反應，使口中一陣灼熱，最後造成口腔與食道灼傷。

而生石灰與口水反應生成的氫氧化鈣（熟石灰）是強鹼性，極有可能腐蝕口腔與食道造成潰爛。

03 蛋糕上的銀色珠子究竟是什麼？

原來我們吃下肚的銀色珠子是金屬？

我們有時會在蛋糕上看到閃閃發光的銀色小珠子。這種小珠子稱為「銀色糖珠」，常用於裝飾甜點。銀色糖珠有大有小，有時也會在巧克力上看到它。這種糖珠是用糖粉做成的，常會跟蛋糕或巧克力一起吃下肚。

銀色糖珠的表面，在燈光下如金屬般閃爍著銀色光澤。究竟，糖珠銀光閃閃的表面是不是金屬呢？

實際用小燈泡實驗組測試糖珠表面可否通電，當通電後，燈泡竟然發光了。「擁有金屬光澤並且可以導電」同時符合這兩個性質，就能確定該物質是金屬。這也代表，銀色糖珠的確是金屬沒錯。

吃下肚也無害的金屬

如此一來又不免讓人好奇，銀色的金屬到底是什麼金屬呢？或許我們可以觀察銀色糖珠的包裝袋上標示的成分名稱，試著推敲看看。

銀色糖珠的外觀不太會變色，表層也很少腐蝕剝落，也就是說，這是一種不容易生鏽的物質，而且是一種吃下肚也無害的物質。

包裝上的成分標示「銀（著色劑）」。銀是一種不容易生鏽，可以長久維持銀色外觀的金屬。

日本有一種名為「仁丹」的藥丸表面也是銀色的。仁丹是明治三十八年（西元一九〇五年）上市的綜合保健品，銀色的外殼裡面包裹著生藥（天然藥材），現在依然流通於市面上，是品牌悠久的口含清涼錠。

「仁丹」銀色的表面究竟是什麼？

記得有次參加一個研究會，一位小學老師向我說起這件事。某次上完金屬相

主要金屬的離子化傾向比較表

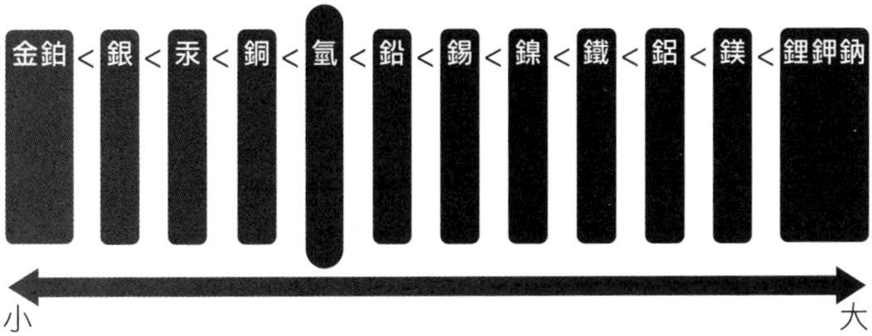

離子化傾向大於氫元素的金屬可溶於鹽酸，小於氫元素的金屬則不溶於鹽酸。銅、汞、銀可溶於濃硝酸等具有強烈氧化力的酸性溶液中，鉑、金則不會溶解。鉑、金可溶於王水（濃硝酸和濃鹽酸按１：３比例混合而成的溶液）。

關課程後，有個小朋友問他：「爺爺吃的仁丹也是銀色的，所以仁丹也是金屬嗎？」於是，他特地去確認看看那究竟是不是金屬。

這位老師用小燈泡測試後，仁丹表面的確可以通電，那代表它的確是金屬。

可是這樣一來，又讓人不禁好奇，那銀色的外殼究竟是什麼金屬。當時，這項產品上完全沒有標示成分，所以也沒辦法知道銀色的部分到底是什麼。

於是，這位老師試著把十顆左右的仁丹放進稀鹽酸裡，結果仁丹裡的藥材溶化了，但銀色的外殼堅固依舊，完全不受影響。

看圖就能清楚知道，如果是鉛的話就可以溶於稀鹽酸，但是仁丹外殼並沒有溶化，這代表仁丹的銀色外殼是一種離子化傾向小於氫元素的金屬。

接下來，把銀色外殼挑出來放入試管中，再倒入少許濃硝酸看看。濃硝酸是一種具有強烈氧化力的酸性溶液，除非是金或鉑這種離子化傾向非常小的金屬，不然其他金屬遇到濃硝酸都會溶解才對。

倒入少許濃硝酸後，銀色外殼終於溶解了。換句話說，在濃硝酸的作用下變成離子了。

要檢測溶液中是何種金屬離子，第一步就是加入鹽酸，如果溶液產生白色渾濁，這代表溶液中的金屬離子可能是銀離子、鉛離子或是汞離子。

鉛離子和汞離子都有毒，會吃下肚的東西不太可能用到這兩種成分。到了這一步，答案已經呼之欲出，仁丹的銀色外殼八成是銀了吧！

那位老師繼續在過濾後的溶液中加入鹽酸，果然出現白色的渾濁物。而且，析出的白色沉澱物在陽光的照射下變成了褐色，這種變色反應說明白色沉澱物是對光敏感的氯化銀。就這樣，確定了仁丹表面的金屬就是銀。

硫化氫的味道刺鼻，有一次我去泡含有這種成分的溫泉時，把幾顆仁丹放在容器中一起帶進去泡，結果仁丹表面變成黑色了。這是因為仁丹表面的銀與硫化氫氣體反應形成一層黑色的硫化銀。舉另一個常見的例子，如果戴著銀飾泡硫磺溫泉，沒一會兒銀飾就會變黑，也是相同的道理。

另外，橡膠中也含有硫，所以用橡皮筋捆綁飾品或是銀製餐具，也可能讓銀製品發黑變質。

為什麼不用鋁而用銀呢？

「明明鋁更便宜，為什麼仁丹不用鋁而用銀呢？」百思不解的我決定打電話給仁丹的製造商。

製造商回答：「如果用鋁，仁丹表面的光澤很快就會黯淡，而且鋁也會在胃裡溶解。」原來如此，相對來說，銀是比較穩定的金屬，不像鋁一接觸到空氣就容易氧化生鏽。

而且，我們的胃液屬於弱酸性，銀是不會被它溶解的。不管是銀光閃閃的銀色糖珠或是仁丹，其表面都包覆著數萬分之一毫米的超薄銀箔。雖然我們的胃液中含有稀鹽酸，但銀不會被鹽酸溶解，即使吃下肚也幾乎會原封不動排出體外。

此外，銀可以極微量溶於水中而形成銀離子，這些銀離子具有殺菌的作用，而且經飲用後銀離子還會被人體吸收。

但若攝入過量的銀，將可會能導致「銀質沉著症」（argyria）。這種疾病通常是因為長期服用含有銀的保健食品，導致體內銀含量過高，銀粒子沉積在皮膚上，使皮膚呈現藍灰色。

閃爍著金屬光澤的
銀色糖珠和仁丹，
確實是金屬哦！

04 法布爾暢談化學之美

留下曠世巨作《昆蟲記》的法布爾

法布爾（Jean Henri Fabre，一八二三～一九一五）為法國昆蟲學家、博物學家，他著有舉世聞名的《昆蟲記》，內容以糞金龜等故事開啟一系列共十冊的昆蟲觀察研究，全日本應該沒有一間國中小的圖書館沒有收藏這套巨作吧！

出生於南法的法布爾在十四歲那年，父母因為經營的咖啡店生意不佳而破產，法布爾只好獨自離家做土木工以自力更生。即便如此，法布爾並沒有放棄追求知識，他堅持自學並考上師範學校，並在十九歲那年畢業後，從事小學的教職工作，後來也不斷精進，幾年後又獲得大學文憑，並擔任中學教師。

在法布爾任教的八年期間，為了籌得成為大學教授的資金，他同時投入茜草染料的研究，希望研發出更高效率的植物色素萃取技術。然而天不從人願，德國後來開發出廉價的化學合成色素，讓他多年的研究如竹籃打水一場空。

後來，法布爾因為各種不得已的原因，不得不辭去教職工作，舉家搬遷到南法的一個偏遠小鎮奧朗日（Orange）。從一八七一年撰寫《昆蟲記》開始，直到一八七九年再度搬家的八年間，擁有多年學校教學經驗及育兒經驗的法布爾，就在這塊土地上創作出許多為兒童撰寫的科學著作。

其中，有一本著作名字是《化學的奧妙》，故事內容為波爾叔叔用淺顯易懂的方式，為兩個侄子朱爾、愛彌爾解開對科學的疑問。

很顯然的，波爾叔叔的原型就是法布爾本人，而兩個侄子的角色原型就是他的兒子們。從法布爾研究過茜草染料就可得知他也擅長化學，無論在學校或是家裡，他非常了解如何運用基礎化學實驗帶領孩子們認識化學這門學問。

距今一百多年前，法布爾就已經完成這本了不起的化學著作。

從漫漫沙海中挑出鐵粉和硫磺

《化學的奧妙》內容非常精彩，我節選出其中一部分介紹給大家。

有一天，波爾叔叔上藥房買了硫磺，又從隔壁鄰居那邊要來一些打鑰匙剩下的鐵粉。他把鐵粉和硫磺粉互相摻雜在一起後，開口問朱爾和愛彌爾：

「你們知道怎麼把這兩種粉分開，讓它們變回原本不摻雜質的純硫磺粉和純鐵粉？」

等孩子們思考過後，波爾叔叔接著就陪著朱爾和愛彌爾，用磁鐵吸起鐵粉，再放入水中攪拌，一步步成功的將鐵粉和硫磺粉分開了。

「雖然費時又費功夫，但只要足夠耐心，親手一顆顆挑出鐵粉也不是不可能的事。」這，就是所謂的「混合物」。

法布爾為孩子們做的化學實驗

接著，波爾叔叔在鐵粉和硫磺粉中拌入一點水，將兩種粉揉成泥巴狀後裝入玻璃瓶中。孩子們瞪大了雙眼，目不轉睛的看著玻璃瓶，到底會發生什麼事呢？

玻璃瓶中的泥狀物顏色愈來愈深，逐漸變成像煤煙似的黑色。同時，瓶口的地方伴隨著咻咻的噴氣聲，開始不斷有蒸氣從瓶口噴發，偶爾像是爆炸似的，有一些黑色的顆粒從瓶中噴射而出。這簡直像魔術一樣，在沒有火的情況下產生了高溫，讓整個玻璃瓶變得滾燙。

當玻璃瓶內不再發生變化後，溫度逐漸降了下來。波爾叔叔鋪開一張紙，把瓶中的東西倒出來一看，是黑漆漆的粉末。黑粉中再也找不到硫磺粉的身影，拿著磁鐵靠近也吸不到任何鐵粉。倒出來的黑粉，不是硫磺也不是鐵，變成第三種物質了，這種物質就叫「硫化鐵」。

究竟發生什麼事了？聽波爾叔叔娓娓道來：

「仔細觀察這些黑粉，它不會保留硫磺的性質，也不會保留鐵的性質，取而代之的，是一種全然不同於前兩者的性質。因此，這與單純只是互相摻雜在一起的「混合」不同，這裡的硫磺與鐵用一種更加密不可分、更加強烈且深刻的方式結合在一起了。像這樣強烈又緊密的結合過程，在化學上稱為『化合』。」

混合與化合（化學變化）

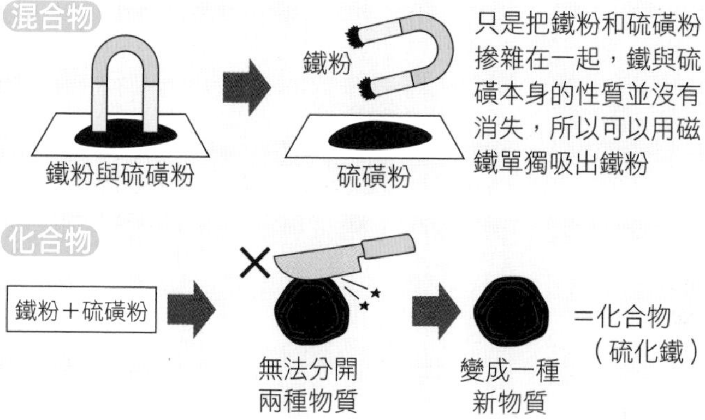
混合物
鐵粉與硫磺粉
鐵粉
硫磺粉
只是把鐵粉和硫磺粉摻雜在一起，鐵與硫磺本身的性質並沒有消失，所以可以用磁鐵單獨吸出鐵粉
化合物
鐵粉＋硫磺粉
無法分開兩種物質
變成一種新物質
＝化合物（硫化鐵）

用水調和鐵粉與硫磺粉所產生的化合反應，會放出大量的熱，讓玻璃瓶都變得燙手，但這樣的放熱反應並非鐵與硫磺的專屬現象。

物質在進行化合反應時，許多都會釋放出熱能。只是有些化合反應所釋放出的熱能非常微不足道，需要使用精密儀器才能測量到溫度變化。

相反的，也有一些化合反應所釋放的熱能十分驚人，不僅能讓反應中的物質燒得通紅，甚至會發出讓人睜不開眼的眩目亮光。從這些發光與發熱的現象中，我們能夠輕易察覺化合反應正在進行。

人造火山的實驗

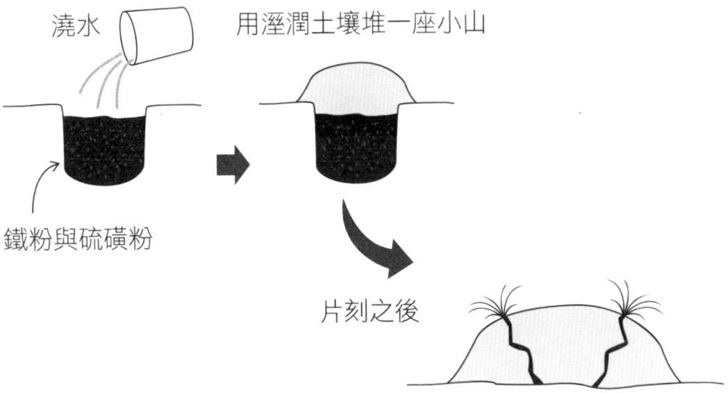

只要有足夠多的鐵粉與硫磺粉，就能造出一座人造火山。先在地面挖一個大坑，用混合好的鐵粉與硫磺粉填滿坑洞，在坑裡澆上一點水後，用溼潤的土壤堆一座小山將坑洞蓋住。

要不了多久，就會出現類似火山爆發的景象。隨著咻咻的噴氣聲，不斷有蒸騰熱氣從裂縫中噴發出來，不時還發生小規模的爆炸現象。

當然了，這跟真正的火山爆發原理完全不同。

麵包裡面是什麼呢？

有一天，波爾叔叔向侄子們提

問：「對了，你們知道麵包裡面是什麼嗎？」

這時，愛彌爾回答：「麵粉！」波爾叔叔又問：「那麵粉裡面呢？」

兩個侄子都答不上來，因此波爾叔叔公布答案了：「麵粉裡面是碳元素！換一種說法就是：麵粉裡面有碳，而且塞得滿滿的！」

每年冬天，朱爾和愛彌爾最喜歡吃用火爐烤得焦香四溢、色澤金黃的麵包了，但即使兩人都看過忘記拿出來而烤成焦炭的麵包，卻沒有認知到焦炭與麵包兩者之間的關係：「用火烤過的麵包表面會出現碳，這一定是因為麵包裡面原本就有碳」這樣的認知。

接下來波爾叔叔說的這段話，是身為所有熱愛自然科學的人，以及自然教育工作者必須時時意識到的事：

「生活在這個世界上，有許多被人們看起來理所當然、司空見慣的事情，正因如此，使得我們忘了去發現隱藏在事物表象下的真理。這並非全然是你們的問題，而是因為沒有人時刻提醒你們，引導你們以正確的眼光看待事物。從今以後，我會常常像這樣和你們討論生活中隨處可見的現象。只要再深入一點探究和思考，往往就能挖掘到非常重要的真理！」

這裡，我來補充一下我的想法。

只要可以透過鐵粉與硫磺粉的化合反應，從根本上理解到「什麼是化合」的話，應該就能馬上知道，不能吃的黑炭與可以吃的白麵包，這兩者之間的差別吧。

從一、二個例子裡得到「淺層理解」，再將「淺層理解」所啟發的想法運用到其他情況中，人往往就是這樣由近及遠、由淺入深，才對知識有了「深層理解」。

在學校學到的自然科學知識，大多都只用來應付考試，「處處留心皆學問」成了口號，因而缺乏以「科學的態度」來看待生活周遭發生的事物及現象。那麼，為什麼我們的學校教育無法培養出「科學的態度」呢？

現在學校的科學教育，是由自然科學現象的描述、零碎的科學概念及科學定律所拼湊而成，學習淪為死記硬背，是無法培養出「科學態度」的原因。但不光是這樣，「生活中有太多看起來理所當然、司空見慣的事情，你們卻沒有發現隱藏在那些事物表象下的真理」，沒辦法有意識的運用所學去發現事物表象下的真理，也是無法培養出「科學態度」的主要原因。

如果想讓學生有意識的運用所學，恐怕得先通盤檢討目前的教學內容。如果教學內容沒辦法培養學生們使用「科學的態度」，即使他們想要在生活中有意識的運用所學，也是心有餘而力不足。

真正為學生設想的科學教育，應該以本質上最基礎且應用範圍廣泛的自然科學現象及科學概念、定律為核心，讓學生們能夠在系統性學習這些內容的同時，又能培育出「科學的態度」。

氣體與煙

言歸正傳，我們繼續《化學的奧妙》的話題吧。

麵包中的碳元素並不孤獨，它與其他物質相結合，以化合物的狀態存在於麵包中。在不斷加熱之下，麵包中碳元素以外的物質紛紛「逃離」，最後只留下碳元素。

波爾叔叔認為，麵包烤焦時冒出的「煙霧」就是之前與碳元素結合成化合物的物質。

以現代的科學知識來看，麵粉是由澱粉和蛋白質等物質所組成，麵粉在熱裂解作用下，除了會產生大量的水蒸氣之外，也會釋出其他物質。波爾叔叔說的「煙霧」其實是氣體與煙的混合物，只是當麵包烤焦時冒出的煙霧中，我們肉眼看不見「氣體」，只看得見「煙」的顆粒。

東西燃燒後憑空消失了嗎？

自然科學中常會強調「物質不滅定律」，其中的「物質」並非指具體的化學物質，而是包含更加宏觀的概念。

我個人認為，從微觀上來看，它指的是原子的不滅；從巨觀上來看，則指的是元素的不滅，也就是所謂的「質量守恆定律」。

正如同波爾叔叔所說：「無論是多麼微小的物質，人類都無法主宰物質的生與滅，物質不會無中生有，也不會憑空消失。」

具體來說，就像當我們蓋一棟房子時，首先要把舊房子拆掉。舊房子被拆除後，雖然看似不見了，但其實原本在這裡的水泥砂漿中的一粒沙子都不曾消失，依然存在於這個世界的某個角落。即使是我們肉眼看不到的細微粉塵，被風吹走後也不會憑空消失，只是隨著風飄到遙遠的地方而已。

麵包被烤成焦炭也是相同的道理。烤焦時冒出的煙霧（氣體與煙）散逸在空氣中，看似憑空消失了，但確實存在於某處。

「但是……」朱爾吞吞吐吐的說：「木柴燒完後，只會剩下一丁點灰燼呀。」

無論是一百多年前法布爾撰寫這本童書時（不對，甚至更久之前），抑或是現在，即使跨越了數百年，孩子們還是會對此現象抱持著「東西燃燒後會變輕」的概念。

面對如此單純的概念，法布爾沒有絲毫的不耐，他興奮又詳細的向孩子們解說「化學的奧妙」。

當木頭燃燒時產生的物質，絕大部分都是「比最細小的塵埃還要更加微小的東西，它們隨風飄散在大氣中，與空氣融為一體。我們肉眼可見的，只剩下一小撮的灰燼。我們常常因此被表象所迷惑，以為灰燼以外的東西都憑空消失了。但是，那些物質絕對沒有消失，它們依然存在，飄浮在大氣之中，只是和空氣融為一體，無色、透明、摸不到也抓不著。」

「這個道理不僅適用於燒木柴，人們為了得到光與熱而燃燒的所有燃料，都是如此。」

「物質在化學反應下，不斷的結合、分解、再結合，在無數種排列組合之中，永不停歇的交換位置，於是就這樣，不計其數的化合物，不斷重複被破壞再被創造。即便物質的變化永無止境，尋遍全世界，也不會有任何一顆憑空消失或無中生有。」

雖然後來，因為發現放射性元素，科學界開始討論質量與能量的等價性（描述質量與能量之間的關係），即便如此，元素及原子守恆的概念在自然科學教育中依然占有相當重要的地位。

早在遙遠的一百多年前，法布爾就已經透過教學的經驗，掌握元素及原子守恆的重要性。

原子不滅

世上一切物質都是由原子所組成。原子在化學變化下，既不會毀壞，也不會消失。化學變化只是物質中原子的重新排列，無論什麼樣的化學變化，都不會改變原子的數量及種類。

這段話即是「質量守恆定律」得以成立的根據。

我們再把焦點轉到碳原子身上吧。大氣中的二氧化碳濃度，會在有機物的燃燒過程中或生物的呼吸作用下持續增加。但同時，空氣中的二氧化碳也是植物行光合作用不可或缺的原料之一；溶入海水中的二氧化碳，也會被海中生物吸收成為身體的一部分。植物行光合作用產生的有機物，最後又成了地球上的動物及我們人類的食物。

因此，我們賴以為生的食物，最初的源頭就是空氣中的二氧化碳。二氧化碳中的碳元素從來不曾消失，會以各種排列組合在地球上不斷循環。

然而，即使是「汞原子」這類有害環境的元素，也同樣遵循原子不滅定律，既不會毀壞也不會消失。

含有汞化合物的廢水一旦流入河流及海洋，就會造成永久性的水汙染。水中的浮游植物如果吸收了含有汞原子的化合物，再被水中的浮游動物吃掉，浮游動物又被小魚吃掉，小魚再被大魚吃掉，經過層層食物鏈的濃縮，大魚體內累積了大量的汞，最後，不知情的人類吃了魚之後，又因汞中毒而生病。

原子既不能被創造，也不能被消滅，我們應該謹記這點，同時做好各種汙染防治措施，避免因人為製造的有害物質或原子流入自然界，造成環境汙染。否則最終，人類自身還是得承擔起惡果！

05 超入門：帶你從頭認識酸與鹼

什麼是「酸」？

距今三百多年前，人類歷史上首次出現「酸」的定義。

英國化學家波以耳（Robert Boyle，一六二七～一六九一）在十七世紀中葉時，對酸做了以下描述：「酸是一種：一、嚐起來有酸味；二、可以溶解許多物質；三、能使植物性有色色素（石蕊）變成紅色；四、與鹼反應後，會失去一切原有性質的物質」。

後來，「燃燒理論」的創立者法國化學家拉瓦節則開啟近代化學之門，將酸的本質研究引導向該物質的構成元素，並引起許多科學家朝此方向進行研究。拉瓦節認為，「氧」就是那個賦予物質酸性特徵的元素。

當時，科學家們對於「酸是由酸性的氧化物與中性的水結合生成」的說法深信不疑，他們認為「酸」中一定含有氧，物質帶有酸性的關鍵原因，一定就在氧氣及元素的非金屬性質之中。

在這樣的背景下，科學家們理所當然認為，以食鹽及硫酸製成的「鹽酸」一定也是含氧化合物。但是，當他們發現鹽酸的成分中並沒有氧，而是氯化氫的水溶液時，便開始百思不得其解。

食用醋或鹽酸帶有酸味，能使藍色石蕊試紙變成紅色，可以溶解鋅或鐵等金屬並產生氫氣，這些性質就稱為「酸性」。當化合物溶於水中，其水溶液呈酸性者即為「酸」。

酸的共通性質是什麼？

被譽為「有機化學之父」的德國化學家李比希（Justus von Liebig，一八〇三～一八七三）對「酸」的定義是：「能與金屬元素置換後生成氫氣的化合物」。舉例來說，鋅與硫酸反應會生成硫酸鋅和氫氣。

在這個化學反應中，硫酸中的氫就被鋅給置換了出來。酸中的氫一旦與金屬進行置換後，往往就會減弱甚至失去酸性。藉由這個發現，科學家們終於明白酸性其實源自於氫。

但是，並非所有成分中含有氫的化合物都具有酸性。舉例來說，甲烷（CH_4）有四個氫原子，乙醇（C_2H_5OH）有六個氫原子，這兩種物質雖然擁有很多個氫原子，但卻沒有一個氫原子可以與鋅之類的金屬進行置換。

直到十九世紀末葉，瑞典化學家阿瑞尼士（S.A.Arrhenius，一八五九～一九二七）提倡「電離說」之後，這個謎題才終於解開。

阿瑞尼士主張的電離說認為，在水溶液中能產生氫離子的物質即為「酸」。換句話說，一種物質是否為酸，全取決於其成分中的氫原子是否能在水溶液中解離出氫離子。

對於酸性的探索終於真相大白！氫離子H^+（準確來說應該是水合氫離子H_3O^+）才是物質具有酸性的原因。就這樣，阿瑞尼士對酸的定義得到科學界廣泛的認可，即使在現代，阿瑞尼士的學說仍然廣泛應用於水溶液的酸鹼理論中。

阿瑞尼士的電離說

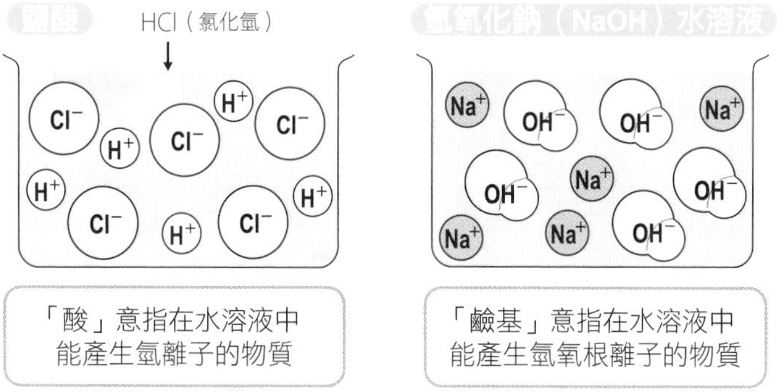

鹼與鹼基

鹼基在化學定義上是酸的相對物質，鹼基與酸中和後會生成鹽及水（但在某些情況下也可能不會生成水）。鹼基（base）是「鹽的根基（base of salt）」之意，意思是「與酸中和可生成鹽類的物質」。

「鹼（Alkali）」一詞源自於阿拉伯語，最初指的是植物燃燒後的灰燼，包含陸地植物的灰燼（主要成分為碳酸鉀）；以及海洋植物的灰燼（主要成分為碳酸鈉）。

由於鹼基中只有一小部分可溶於

水（如氫氧化鈉或氫氧化鉀等），後來將這些「可溶於水的鹼基」稱為「鹼」，主要指的是鹼金屬及鹼土金屬的氫氧化物。

06 檸檬讓紅茶變色了

茶可分為三種

依照製茶方式的不同，常見的茶葉大致可分為綠茶、紅茶及烏龍茶三種。綠茶是茶葉完全沒有經過發酵的不發酵茶；紅茶是茶葉經過完全發酵的全發酵茶；烏龍茶則是發酵程度介於兩者之間的半發酵茶。

這些味道大不同的茶，其實原本都是同一種茶樹摘下來的茶葉做成的（中國原產的山茶科），但因為後面不同程度的發酵，讓茶葉的成分也變得稍有不同。

綠茶含有豐富的茶多酚，約占乾燥茶葉中的三〇％左右。所謂「多酚」，是指芳香環（有機芳香化合物）與羥基（-OH）結合而成具有大量酚結構的化合物總稱。

綠茶所含的茶多酚絕大部分是兒茶素。紅茶在發酵過程中，會使成分中的兒茶素氧化聚合形成茶黃素（一%至二%）和茶紅素（一〇%至二〇%）。發酵程度介於兩者之間的烏龍茶，則同時含有兒茶素、茶黃素及茶紅素。

檸檬可以讓紅茶湯色變淡的原因

檸檬的成分中含有五%至七%的檸檬酸，因此汁液呈現酸性。在紅茶中擠入檸檬汁，會使茶湯的顏色變淡，這不免讓人聯想到「顏色變淡也許是酸性造成的」。

如果是這樣，如果我們在紅茶中滴入酸性的醋，又會有什麼變化呢？果不其然，茶湯的顏色變淡了。

這樣看來，紅茶中似乎有某種遇到酸性物質就會使湯色變淡的成分。事實上，影響紅茶湯色的成分主要有三種，分別是亮橙色的茶黃素、深紅色的茶紅素、紅褐色的氧化聚合物。而其中的茶紅素在遇到酸性物質時顏色就會變淡，這就是檸檬可以讓紅茶湯色變淡的真相。

會變色的日式咖哩炒麵

接下來，我要跟大家介紹一個令人食指大動的實驗，是任教於大阪市立生野工業高中的山田善春老師教我的。

首先，在平底鍋中加入八分滿的水，點火後加熱至沸騰。接著在鍋裡放入一包油麵，用筷子將麵條撥鬆，待麵條變軟後，依自己口味撒上適量咖哩粉及薑黃粉後跟麵條攪拌均勻。神奇的事發生了，麵條變得紅通通的。

接著，在紅通通的咖哩炒麵上，淋上伍斯特醬看看。太神奇了，原本紅色的麵條一淋到伍斯特醬就變成黃色了。繼續淋上醬汁直到炒麵全部變成黃色為止。最後，再把另外炒好的蔬菜和肉等配料跟咖哩炒麵拌炒均勻，美味的日式咖哩炒麵上桌囉。

為什麼紅通通的炒麵會變成黃色呢？

自然科學實驗中經常會用到的石蕊試紙（遇到酸性時會從藍色變成紅色，遇到鹼性時會從紅色變成藍色），目前通常是以人工合成的色素製作，但最初其實是從石蕊地衣中萃取天然植物色素製成。

還許多植物也具有類似酸鹼指示劑的功用，例如大家熟知的紫色高麗菜（紅甘藍），它榨出來的汁液也會因酸鹼而變色，因為其中含有一種名為「花青素」的紫色色素。

花青素在植物界是一種非常普遍的色素，黑豆、紫色地瓜、藍莓、葡萄都含有這種色素。當這種色素從酸性轉變為鹼性時，會依次呈現紅色、紫色、藍色的變化。

除了花青素之外，咖哩粉的成分中有一種名為「薑黃粉」的黃色辛香料，也會因酸鹼而改變顏色。薑黃粉中含有「薑黃素」，這種色素在遇到鹼性時會變成紅色，這就是炒麵撒上薑黃粉會變紅的原因所在。

油麵的製造過程中會添加稱為「鹼水」的鹼性物質。

鹼水是一種食品添加物，成分通常為碳酸鉀、碳酸鈉（蘇打）、碳酸氫鈉（小蘇打）、磷酸鉀鹽或磷酸鈉鹽等物質中的幾種，又以碳酸鉀及碳酸鈉最常見。

紅通通的咖哩炒麵

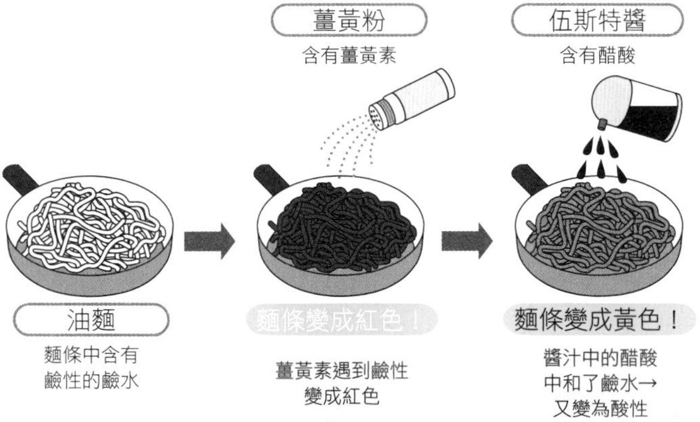
薑黃粉
含有薑黃素
伍斯特醬
含有醋酸
油麵
麵條中含有
鹼性的鹼水
麵條變成紅色！
薑黃素遇到鹼性
變成紅色
麵條變成黃色！
醬汁中的醋酸
中和了鹼水→
又變為酸性

鹼水溶於水後會呈現弱鹼性。這種鹼性能使麵粉中的麩質分子結構產生變化（蛋白質變性），不僅能夠增加黏性、使麵條變得Q彈，還能引出麵條特有的香味。油麵特有的黃色也是添加了鹼水所致。

因此，這個實驗要能成功，一定要使用含有鹼水的麵條。據山田老師的說法：「便宜的油麵反而實驗的成功機率愈高」。

但咖哩炒麵加了伍思特醬為什麼又會變成黃色呢？

這是因為伍斯特醬中含有醋，所以呈酸性。原先薑黃素遇到添加鹼水的油麵而變為紅色，後來淋上酸性的伍斯特醬後，中和了鹼水的鹼性，因此又變回了黃色。

07

橘子罐頭的祕密

橘子是怎麼分成一瓣一瓣的？

大家吃過橘子罐頭裡的蜜柑嗎？日本的橘子罐頭工廠，通常都是用靜岡、愛媛、九州等地採收的溫州蜜柑製作罐頭，但你想過這是怎麼製作的嗎？

採收下來的橘子會先在分揀機上依照果實大小進行分類。到了罐頭工廠後，生產線上的橘子會先過熱水，在高溫的蒸氣籠罩下使橘子外皮軟化。橘子的外皮泡脹軟化後，接著被送進剝除外皮的機器裡。

橘子通過這個機器時，外皮會被捲入滾輪中而被剝除，在這個製程中機器大約可剝除七成外皮，殘留的外皮則由人工來剝乾淨。

接下來，剝完皮的橘子被推入用橡膠繩結成的漏斗型裝置中。在水柱強力的

如何把「橘子」分瓣

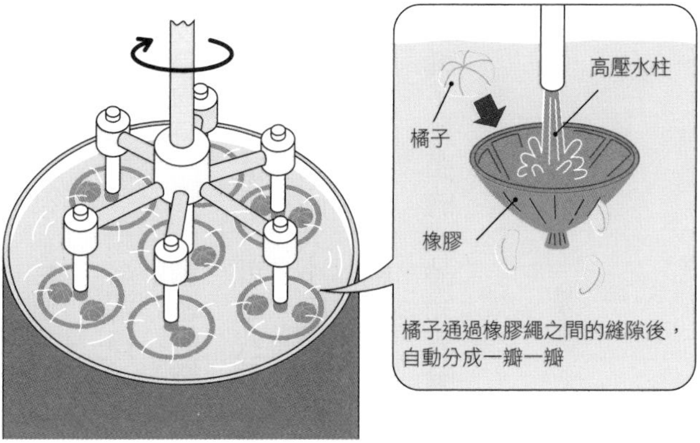
高壓水柱
橘子
橡膠
橘子通過橡膠繩之間的縫隙後，自動分成一瓣一瓣

沖刷下，橘子通過橡膠繩之間的縫隙後，就會自動分成一瓣一瓣的。

以化學藥劑去除橘瓣上的薄膜

橘子分瓣完成後，下一步驟就是去除橘瓣上的薄膜，這時候就輪到化學藥劑出場了。

使用的藥劑是鹽酸及氫氧化鈉水溶液。

一開始先讓橘瓣在〇・七%的鹽酸中流動三十分鐘，接著再讓橘瓣在〇・三%的氫氧化鈉水溶液中流動十五分鐘，這樣一來，橘瓣上的薄膜就會溶解剝落。

最後，會用清水充分洗淨橘瓣上的藥劑。雖說是藥劑，但使用的都是食品級的單純成分，再加上會用清水洗淨，並不會殘留在食品上。

另外，去了膜的橘瓣中，有一顆顆米粒大小的果粒，製程要是沒有調校好，很容易連果粒都一起溶解掉，為了精準的只溶掉表層薄膜，必須對藥劑的濃度、溫度及浸泡時間進行精密的微調。

去膜後的成品，就是我們經常看到的罐頭橘子的樣子。之後，在滾輪分揀機的分類下，將不同大小的橘瓣區分開來。

最後，在產線的輸送下，去膜封罐。橘子罐頭的成品完成囉！

原來是用化學藥劑
去膜的呀，一直想
不通罐頭橘子怎麼
沒有膜，這下謎題
終於解開了！

08 醋泡出來的「彈力蛋」

半透明的橙色

把生雞蛋泡在醋裡一整天，就能做出神奇的無殼彈力蛋。這是因為蛋殼與蛋白之間有一層較為堅韌的「蛋殼膜」不會被醋溶解，在這層膜的包覆下就形成了無殼彈力蛋。

眾所皆知，雞蛋最外層是堅硬的蛋殼，這層蛋殼的主要成分是碳酸鈣。

醋（主要是醋酸水溶液）具有溶解碳酸鈣的作用。將生雞蛋浸泡在醋裡時，蛋殼的成分「碳酸鈣」會與醋反應生成二氧化碳，就形成了雞蛋表面密密麻麻的氣泡。

碳酸鈣＋醋酸→醋酸鈣＋水＋二氧化碳

製作「彈力蛋」需要的材料有，生雞蛋、醋、鹽、空玻璃罐（雞蛋可以橫放的大小，例如：果醬或蜂蜜罐等）。

製作方法

①將雞蛋放入容器中，倒入醋直到淹過雞蛋（蛋殼表面會冒出大量二氧化碳氣泡。大約泡半天就要換一次新的醋）。

②就算雞蛋顏色還是偏白，只要雞蛋表面不再冒出氣泡，而且用手指壓下去很有彈性的話，就可以從容器中取出來了（雞蛋要呈現這種狀態至少要泡一天，建議泡一天半的效果會比較理想）。

③輕輕的用水洗掉附著在雞蛋表面的白色殘留物（如果用指甲摳或太用力搓揉，雞蛋就會破掉）。洗乾淨後，蛋黃與蛋白外層包覆著薄膜（蛋殼膜）的「彈力蛋」就完成囉。蛋殼膜是由主要成分為蛋白質的纖維狀物質所構成，因此相對來說較為堅韌，不會被醋溶解。

彈力蛋

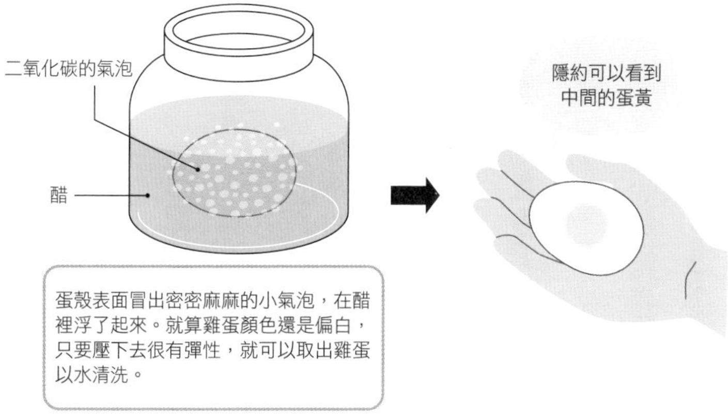
二氧化碳的氣泡
醋
蛋殼表面冒出密密麻麻的小氣泡，在醋裡浮了起來。就算雞蛋顏色還是偏白，只要壓下去很有彈性，就可以取出雞蛋以水清洗。
隱約可以看到
中間的蛋黃

【注意】彈力蛋的材料是雞蛋與醋，兩者都可安全食用，而蛋殼與醋反應後生成的醋酸鈣，也沒有太強的毒性。雖然平常吃的「醋蛋」製作方法跟彈力蛋相同，浸泡過醋也有一定殺菌效果，但基於安全考量，還是建議各位不要食用本實驗製作出來的蛋。

請大家好好觀察製作完成的「彈力蛋」。

蛋白外側包覆著一層蛋殼膜，即使用手指輕捏也不會破掉。多虧了這層膜，「彈力蛋」才能有如橡膠球般富有彈性。

「彈力蛋」呈現半透明，隱約可以看到內部的蛋黃。透過燈光來看的話，內部的蛋黃就變得清晰可見。

再來看看尺寸方面，和原本的雞蛋相比，「彈力蛋」的大小有改變嗎？

我們進一步實驗看看，這次將「彈力蛋」放入水中，至少浸泡二至三小時以上。結果，「彈力蛋」脹大了一圈。

接下來，在「彈力蛋」上撒鹽，均勻的塗抹於表面後，靜置一段時間，結果這次「彈力蛋」縮小了。

為什麼「彈力蛋」會脹大、縮小？

「彈力蛋」可以一下變大、一下變小的祕密，就藏在外層包覆的蛋殼膜裡，蛋殼膜上有很多小孔，因此水分可以經由這些小孔進出。

這些小孔極其微小，在普通的顯微鏡下也看不到它們的存在，具體來說，如果將蛋殼膜放大一千萬倍來看，這些小孔的直徑大約只有數毫米。「彈力蛋」泡在水裡時，水分子經由這些小孔進入蛋中，使得「彈力蛋」脹大；把鹽抹在「彈力蛋」表面時，水分子又經由這些小孔排出，使得「彈力蛋」縮小。由於蛋白和蛋黃中的分子比水分子來得大，自然也就無法通過這些小孔。

有些分子可以通過，有些分子無法通過，像這樣的膜，就稱為「半透膜」。當不同濃度的液體相遇時，彼此的濃度會相互達到平衡，這是自然界普遍的規律。蛋殼膜會吸入或釋出水分，也是為了讓內外兩側的濃度相同。只是，蛋殼膜算是孔徑稍大又粗糙的半透膜。

醃製蔬菜時也會看到這個現象。很多人都有看過吧，在蔬菜上撒鹽會逼出蔬菜中的水分，這是因為蔬菜的細胞膜是半透膜，鹽的濃度高於蔬菜內部，為了平衡內外濃度，於是蔬菜釋出了水分。這跟在蛞蝓身上撒鹽，蛞蝓會出水後縮小是相同道理。

我在高中當化學老師時，每次上到滲透壓的課程，都會帶幾顆膨脹到像鴨蛋那麼大的「彈力蛋」讓學生傳閱，這時候學生們總會尖叫著爭相觸摸那些蛋。

另外，我還會準備兩個塑膠袋裝入切好的高麗菜，在其中一個袋子裡撒鹽後，將袋口封住，充分搓揉兩包高麗菜。打開袋子後，倒出裡面的水分讓學生看，結果加了鹽搓揉的那包高麗菜，嘩啦的倒出了一堆水。

「你們還知道其他也會有這種現象的例子嗎？」這麼一問後，馬上就有人回答：「在蛞蝓身上撒鹽！」。「我就知道會有人這麼說，所以我準備了蛞蝓，」我一邊說、一邊在學生面前把有色溶液注入透析管（人造半透膜管）中，然後將透析管的兩端束緊，說「用真的蛞蝓就太殘忍了，所以我做了一隻人造蛞蝓」。

我把人造蛞蝓放置在方形盤子上，撒上鹽，不久後透析管開始滲出有色溶液，變得愈來愈細。

「鹽味水煮蛋」是怎麼入味的？

大家在日本搭火車時，應該都看過車站小店販賣的水煮蛋吧。那種水煮蛋非常神奇，明明帶著殼卻有鹹味。「究竟是怎麼讓雞蛋有鹹味的呢？難道是先在蛋殼上敲個洞，再用鹽水煮熟的嗎？」百思不解的我，仔細觀察整顆水煮蛋，卻沒有發現蛋殼上有任何孔洞。到底用了什麼方法才能做出，蛋殼完整卻帶有鹹味的「鹽味水煮蛋」呢？

其實，雞蛋上有很多我們肉眼看不見的小孔。小雞在蛋中孵化時當然也需要呼吸，因此蛋殼上才會有許多可供氣體進出的小孔。蛋放久了，就會變輕或變質腐壞，正是因為蛋內的水分從蛋殼上的小孔散逸蒸發，或是有細菌或黴菌經由小孔進入蛋內導致雞蛋腐壞。

這些蛋殼表面的小孔稱為「氣孔」。而蛋殼的內側，就是粗糙的半透膜「蛋殼膜」。只要想辦法讓鹽味通過蛋殼上的氣孔及蛋殼膜，自然就能讓鹽味滲透進雞蛋中。

在此特別跟大家介紹，如何在一般家庭製作鹽味水煮蛋的方法。

在雞蛋剛煮好還熱騰騰的時候，將水煮蛋浸泡在冰涼的飽和食鹽水中，再放入冰箱冷藏約六小時。這樣一來，在降溫的過程中，蛋殼內的壓力會小於外界，使鹽分得以通過氣孔滲透進蛋殼內，讓內部的雞蛋沾染上鹽味。

鹽味水煮蛋的製造商，則是將剛煮好的雞蛋浸泡在裝有飽和食鹽水的桶槽中，對桶槽施加壓力，以滲透壓讓鹽味滲透進水煮蛋中。

溫泉蛋的作法

大家有聽過「外生內熟蛋」嗎？它還有另一個名字叫做「溫泉蛋」。

一般家庭煮水煮蛋時，都是從蛋白開始凝固。因此，人們口中說的「半熟蛋」，通常都是指蛋白已經凝固，蛋黃還沒有凝固的蛋。但是，「溫泉蛋」卻完全相反，蛋黃已經凝固，蛋白卻半生不熟。

「溫泉蛋」的作法，是將雞蛋泡在六十五至六十八度的溫水中，保持這個溫度三十分鐘以上，因此必須用溫度計測量水溫。

那麼，究竟為什麼「溫泉蛋」會變成外生內熟呢？

雞蛋的主要成分是蛋白質，蛋白質經過加熱後就會凝固，而蛋白與蛋黃所含的蛋白質不同，因此受熱後的「凝固點」也不同。蛋白在超過七十度時會開始凝固，要完全凝固至少也要八十度以上；而蛋黃的凝固點約六十八度，長時間維持在這個溫度蛋，黃就能凝固。

因此，只要利用這個原理，讓水溫保持在蛋黃的凝固點，並且不超過蛋白的凝固溫度，在長時間浸泡下，便能煮出外生內熟的「溫泉蛋」。

09 如何自製「史萊姆」玩具？

史萊姆是什麼？

「自製史萊姆」一向是科學展覽或實驗教室中最受大家歡迎的科學遊戲實驗。史萊姆具有不可思議的柔軟觸感，慢慢拉扯會變得愈來愈長，快速拉扯的話又會突然斷裂。同時，史萊姆也因為是知名電玩遊戲的角色而廣為大家熟知。

大家常說的自製科學玩具「史萊姆」，其實源自於英文的slime（爛泥、黏液之意）。我第一次看到這個詞的原意，是在一本下水道相關的文獻上，被用來形容大量細菌聚集時分泌出黏黏稠稠的生物膜團塊。後來這個詞也用來泛指各種「黏著物」。

史萊姆也曾經出現在扭蛋機中，只要投入硬幣，隨著轉動把手的喀嚓聲，扭

把史萊姆拉長

蛋「砰」的一聲掉下來，打開扭蛋殼就看到史萊姆玩具。

接下來就為大家介紹好玩的科學遊戲：用漿衣精★自製「史萊姆」。

DIY史萊姆大挑戰！

自製史萊姆玩具，是在一九八五年首次傳入日本的。

那是當年在東京舉辦的第八屆國際化學教育研討會，一位美國的化學教育工作者在研討會上，為日本的化學老師們示範的「高分子實驗」。

當時在研討會上是使用聚乙烯醇（PVA）的粉末來製作史萊姆，首先將聚乙烯醇粉末溶入水中製成ＰＶＡ溶液，再混入硼砂溶液攪拌後，史萊姆玩具就完成了。

當初所面臨的第一個難題就是「ＰＶＡ粉末很難溶於水中」，所幸當時任教於宮城教育大學的鈴木清龍教授提出建議，指出「市售的液體漿衣精就是ＰＶＡ溶液，不如試試看用漿衣精」，從此之後，只要使用漿衣精就能簡單自製史萊姆玩具了。

我後來也試過把ＰＶＡ粉末溶入水中製成ＰＶＡ溶液，但果然非常困難，只能耐著性子一邊攪拌、一邊少量加入粉末，直到完全溶解。不想那麼辛苦的話，坊間含有ＰＶＡ成分的液體漿衣精，也是簡單又方便的選擇。

一九八六年八月，在日本秋田市舉辦「第三十三屆科學教育研究協議會全國研究大會」中，當時宮城大學分部在「趣味廣場」的活動中，首次向一般大眾介紹這個自製史萊姆的方法，後來經由現場觀眾一傳十，十傳百，逐漸推廣到日本

★譯註：漿衣精：一種衣物助燙劑，洗衣時加入漿衣精可撫平衣物皺摺，使衣物晒乾後更加筆挺。

磁性史萊姆

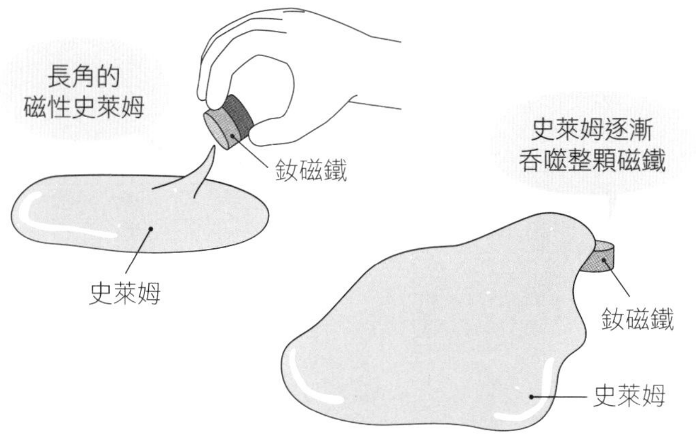

各地。

會吞噬磁鐵的「磁性史萊姆」

只要在史萊姆的製作過程中，加入鐵礦砂或四氧化三鐵粉末，就能製造出具有磁性的史萊姆哦。拿著釹磁鐵等超強力磁鐵靠近的話，磁性史萊姆就會受磁力吸引而長出角，或者像怪物般慢慢爬向磁鐵，甚至會吞噬整顆磁鐵。

這個有趣的實驗，是由當時任教於東京都立戶山高中的山本進一老師所開發。

DIY史萊姆的創意玩法

後來，各種DIY史萊姆的創意玩法愈來愈多，除了加入顏料或食用色素的彩色史萊姆和磁性史萊姆之外，還發展出加入金蔥亮粉、螢光劑（將螢光筆的筆芯泡入水中，可製成簡易的螢光劑溶液）、蓄光塗料（夜光漆）等玩法，做出在暗處也會發光的史萊姆。

另外，過去都是使用硼砂的飽和溶液來製作史萊姆，為了降低硼砂的毒性，有一位公司經營者手嶋靜先生，發表了用超低濃度的硼砂水溶液製作出更安全的史萊姆玩具的方法。

在手嶋先生的改良下，硼砂水溶液的濃度變得極低，也因此大幅提高史萊姆的安全性，但為了保險起見，在玩過史萊姆之後，一定要記得確實洗手哦！

改良後的製作方法如下。

史萊姆的作法

①備妥相同容量的一%硼砂水溶液及有色溶液（水溶性蓄光塗料的水溶液）。
②準備三個小盒子，分別裝入漿衣精及①的兩種溶液，三個容量必須相同。
③將有色溶液及漿衣精倒入塑膠袋中（用拉鍊式夾鏈袋會更好操作），充分混合兩種溶液。
④漿衣精上色後，再倒入一%硼砂水溶液，使所有溶液均勻混合在一起。
⑤加入蓄光塗料的史萊姆在關燈的房間也會發光，絕對讓小朋友們玩得不亦樂乎！

用關華豆膠也可以做出史萊姆

我後來又聽說市面上有一款用關華豆膠（天然黏著劑）製成的史萊姆，是當時日本一間玩具公司所發售的扭蛋玩具，這種關華豆膠做的史萊姆延展性極佳，比起傳統用漿衣精及硼砂自製的史萊姆，不僅可以拉得更長，也更不易斷裂。

成功研發出用關華豆膠製作史萊姆的人，是當時任教於埼玉縣立飯能南高中的藤田勳老師。藤田老師將製作方法寫成〈一起用關華豆膠做史萊姆吧！像麻糬一樣軟Q好捏的史萊姆〉這篇文章，並刊載於一九九九年的《理科教室》月刊中。

我參與共同編輯的《好玩實驗：造物事典》一書中，也收錄前面提到的鈴木清龍教授、藤田勳老師、山本進一老師、手嶋靜先生各自研發的ＤＩＹ史萊姆的方法。

這樣看來，「ＤＩＹ史萊姆」在日本已經有三十多年的發展歷史了呢！下次你也試著玩玩看吧！

10

椪糖中的化學

椪糖是什麼？

日本每到祭典時，路邊林立的攤販中，總有攤位傳來一陣陣香甜氣味，路過的孩子無一不被吸引過去，那是一種稱為「椪糖」的點心。

做法是這樣的：砂糖加水煮到濃稠狀後，將前端沾著白色團塊的棒子伸進去攪拌，沒多久糖漿就像吹氣球般膨脹起來，這就是「椪糖」，也被稱為「膨糖」，是一種香甜酥脆口感的點心。

最開始的時候，「椪糖」其實是家家戶戶都會自己做的點心。第二次世界大戰結束後，日本的砂糖是「配給制」。所謂「配給制」，就是指不能自己到商店裡想買多少、就買多少，而是政府根據每戶家庭的人數等條件供給規定的數量。

椪糖專用的鍋子

在這樣的狀況下，人們為了將有限的砂糖做最大的利用，發揮巧思想出了「椪糖」這樣的美食。你家裡的爺爺奶奶大多經歷過那個時代，也吃過「椪糖」這項點心，不妨跟他們聊聊這段往事。

後來椪糖走出家庭，成了祭典攤販中的人氣美食，但近年來也愈來愈少看到了。

如果掰開椪糖，會看到裡面有很多小洞。椪糖因為產生氣體而膨脹，就形成內部這些小洞。椪糖產生氣體的祕密就在白色團塊中所含的小蘇打粉（碳酸氫鈉）有發粉的功用。

小蘇打粉在沸騰的糖液中，會受熱分解產生二氧化碳，這些二氧化碳就是小洞形成的原因。

因此，椪糖的化學原理，就是碳酸氫鈉的熱分解反應：

碳酸氫鈉→碳酸鈉 ＋ 水＋二氧化碳

從前，我有一堂講授椪糖的化學課，被報紙寫成一則報導，篇名為〈椪糖讓我愛上自然科學〉。後來，日本的ＮＨＫ某個節目談到文案作家糸井重里先生的椪糖專用烤鍋，於是該節目的工作人員在新聞報紙資料庫找到當年那則報導後，聯絡我並進行採訪。

我在節目中說到，即使現在的祭典攤販中已經愈來愈少見椪糖了，但椪糖作為有趣的自然科教材仍會永遠流傳下去。我這麼期待著……

製作椪糖的關鍵技巧

椪糖不就是煮砂糖液再加入小蘇打粉攪拌，過一會兒就會膨脹起來……

製作椪糖真如大家想的那麼簡單嗎？事實上，實際操作後十之八九都以失敗收場，小蘇打粉受熱後產生的二氧化碳（氣體）大多會散失到空氣中，導致椪糖無法膨脹。

我年輕時為了研究出絕不失敗的椪糖作法，不間斷的做了各種嘗試。當時得到的結論是，椪糖要成功膨脹的關鍵，全看二氧化碳產生的當下，糖漿表面能否瞬間凝固，使氣體無所遁逃。

糖漿若沒有凝固，而是保持在黏稠的狀態，那麼二氧化碳就會散逸到空氣中而無法膨脹。換句話說，糖漿若不能在產生氣體的膨脹瞬間凝固，一切就前功盡棄了。

糖漿的狀態會隨著溫度而改變，也就是說，可以從糖漿的溫度判斷出椪糖是否要膨脹了。椪糖能否成功膨脹，關鍵就在溫度。

絕不失敗的DIY椪糖所需的材料

- 大湯勺（直徑約十公分）或椪糖專用鍋

●砂糖（白糖與三溫糖☆）
●小蘇打粉（碳酸氫鈉）
●雞蛋（蛋白）
●溫度計（測量範圍達到二〇〇度的溫度計）
●幾雙免洗筷
●細鐵絲
●量匙（大匙）
●紙
●瓦斯爐或本生燈

銅製的椪糖專用鍋，直徑為十一公分、深度為三公分。我用直徑八．八公分、深度二公分的湯勺做椪糖，很勉強才成功，如果大家要用湯勺要選擇尺寸大一點的哦。為了正確測量糖漿溫度，湯勺的深度也要夠深才行。

DIY椪糖的事前準備

●附溫度計的攪拌棒

用免洗筷夾住溫度計，並用鐵絲固定，做成附帶溫度計的攪拌棒。記得讓溫度計的感溫頭稍微往內縮，並在溫標一二五度處做記號。

●製作「白色團塊」

在紙杯中裝入小蘇打粉、蛋白、白糖，將材料攪拌均勻，製作成「白色團塊」。

具體步驟如下，先取少量蛋白，接著加入小蘇打粉（碳酸氫鈉），將兩者攪拌至霜淇淋般的質地。然後再加入少量白糖，攪拌均勻即可。事先在小蘇打粉中加入白糖，可使糖漿更容易凝固。也就是說，會以白糖為核心產生結晶。

一顆蛋的蛋白可以做出約四十個椪糖，請大家事先想好要做幾個椪糖，再決

☆編註：三溫糖是日本特有的黃砂糖。

附溫度計的攪拌棒

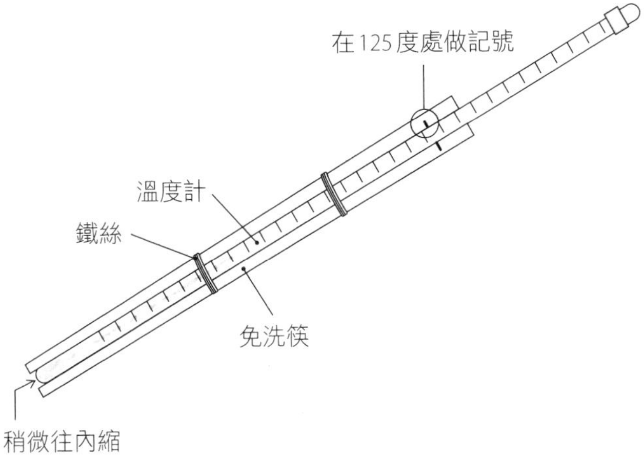

「白色團塊」的製作方法

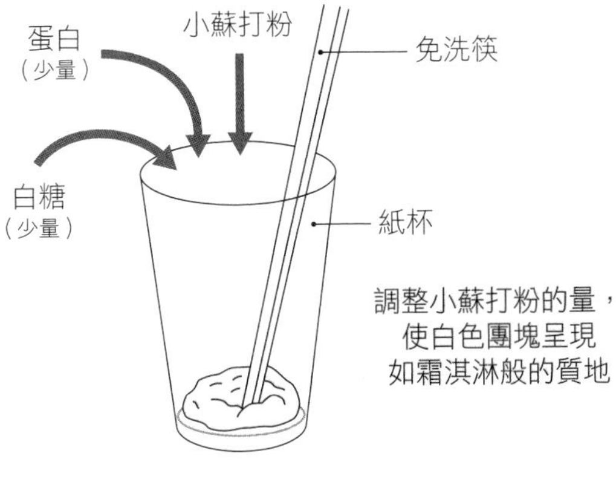

定要用多少蛋白。

●攪拌棒

如果使用的是椪糖專用鍋，可用搭配的攪拌棒。如果使用免洗筷的話，最好將三根筷子綁在一起攪拌，因為攪拌棒不夠粗的話，攪拌的效率會大打折扣。

事先在攪拌棒的前端沾一點「白色團塊」，大約紅豆或大豆的大小即可。

椪糖的作法

①白糖二大匙、三溫糖一大匙、水二大匙，放入椪糖專用鍋或大湯勺中。

換算下來，白糖加三溫糖大約是四十五至五十公克，水約占糖的一半重。

▼溫度計斜放進湯勺或鍋子中間時，確認感溫頭可以完全浸泡在糖水中，正確測出糖水的溫度。換句話說，湯勺中的糖水要夠深，足以測量溫度才行。

▼這也是為什麼一定要用大湯勺，因為湯勺太小的話，會測不到糖水溫度。

②以中火加熱糖水，一邊測量溫度一邊攪拌。也可以先用大火加熱，糖水

起泡後再轉中火。一〇四至一〇五度左右時，溫度上升速度會暫時趨緩。

▼不需要激烈攪拌，適度攪拌，使糖漿均勻受熱，整體溫度一致即可。

▼在溫度達到一〇五度之前，糖漿表面會產生很快就破掉的氣泡。

③溫度超過一〇五度時，讓湯勺稍微遠離火源，使溫度慢慢上升。等溫度超過一二五度，馬上把湯勺從火源上拿開，放到一旁的桌子上。

▼慢慢數到十，等糖漿表面沸騰的氣泡平靜下來。

▼溫度超過一〇五度之後，糖漿表面的氣泡會漸漸產生黏性。這時候要小心氣泡溢出，但不能停下動作，還是要一邊攪拌、一邊測量糖漿溫度。

▼超過一一〇度後，火力維持不變的話，糖漿溫度會急速升高。所以，溫度一旦超過一一〇度，就要馬上把鍋子從火源上拿開一些（或轉小火），讓溫度緩慢的上升。這是溫度調節中最關鍵的地方。

▼注意！絕對不可讓糖漿溫度超過一三〇度，盯著看時很容易一下就超過了，在超過一二五度時就要趕緊把鍋子拿開，否則會前功盡棄。

④將前端沾著白色團塊的三根免洗筷伸入糖漿正中央，以畫圓的方式攪

拌。順利的話，攪拌時糖漿會變成白色，再變成白中帶黃的顏色。

▼大約畫圓二十次左右，再從糖漿正中央抽出攪拌棒。

▼糖漿會像吹氣球般膨脹起來。

▼攪拌時糖漿會漸漸變得黏稠，隨著攪拌棒畫圓會看到鍋底時，就可以將攪拌棒抽出來了。有時候糖漿比較黏稠，畫圓的次數不需要二十次就能抽出攪拌棒。

⑤椪糖凝固後，用尾火將鍋底烤過（特別是鍋沿的部分），目的是把鍋子與椪糖沾黏的地方溶化開來。一邊左右翻動鍋子，一邊用免洗筷輕推，椪糖鬆動後倒在紙上，就完成囉！

做完椪糖的善後工作

①鍋中有殘留糖漿也沒關係，可以接著做下一顆椪糖。

②實驗過程中，不小心溢出的糖漿很容易黏在器具上，建議事先在瓦斯爐上鋪一層鋁箔紙，方便事後清理。砂糖很容易溶於水中，對於頑固沾黏

的砂糖，可以在沾黏部位潑水，或將器具浸泡在水中一段時間再清洗。

事先將用完的器具浸泡在水中，事後清洗起來也輕鬆。

③萬一實驗失敗，沒有膨脹的糖漿牢牢黏死在鍋子裡也不用擔心，只要在鍋中加水，一邊加熱一邊攪拌，糖水溶化後就能簡單清除了。

糖漿的溫度與性質

糖漿的狀態會隨著溫度的不同產生各種變化，而且無法恢復原狀。

一一五度或一二〇度時，糖漿呈現麥芽糖般的質地。一二五度的糖漿，冷卻的瞬間會凝結成圓形，質地柔軟，用手指按壓會凹陷。一三〇度的糖漿冷卻後會迅速變硬凝固。一三五度時也會凝固。一四〇度時，則呈現會牽絲的狀態。

因此，糖漿溫度在一二五至一三五度（一三〇度最佳）之間時，最容易膨脹凝固，形成椪糖。

做甜點用的糖漿、翻糖、拔絲、焦糖等各種型態的糖，都是利用糖漿在不同溫度下的性質製作而成。

另外，日本有一種玳瑁糖，是金黃色呈半透明玻璃狀的糖果，製作時糖漿須加熱到一五〇至一六〇度之間。我一邊測量溫度，一邊將糖漿加熱到超過一五〇度，然後把糖漿倒在鋁箔紙上的牙籤上，冷卻凝固後，一根玳瑁糖就完成了。

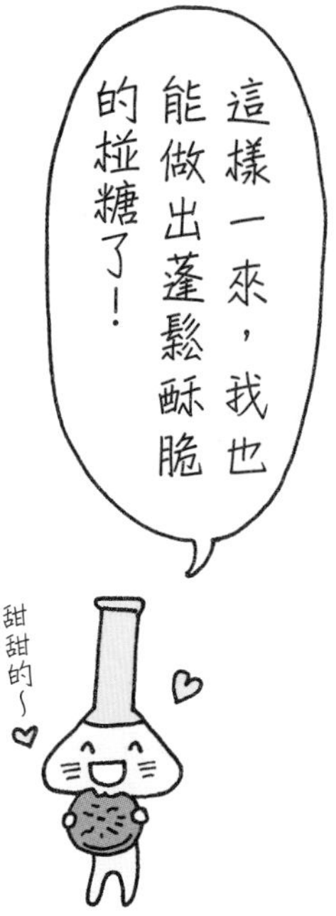
這樣一來，我也能做出蓬鬆酥脆的椪糖了！
甜甜的～

11

橡皮筋的誕生

最熟悉的橡膠製品：橡皮筋

只要用力拉扯就能拉長或扭轉，可以任意變換各種形狀，它就是橡皮筋，是我們最熟悉的橡膠製品。

橡膠的特性可以歸類為以下三點：

一、柔軟（與石頭、鐵或玻璃相比）。

二、大幅改變形狀也不會損壞（與石頭、鐵或玻璃相比，例如橡膠被折彎也不會壞）。

三、即使在外力作用下大幅變形，只要外力消失就會恢復原狀（例如用力對折後也能復原）。

尤其是第三點「只要外力消失就會恢復原狀」，是橡膠的所有特性中最不可或缺的條件。

從各種材料彈性係數的比較圖表中，可以清楚得知橡膠的柔軟度遠勝於其他材料。即使用力拉扯到原本的數倍之長，只要手一放開就能恢復原狀。

「當用一定力量拉扯物體時，物體會變得多長」即代表該材料的彈性係數，單位面積所承受的作用力除以單位長度變形量（伸長量與原長的比值）即可得出該數值。彈性係數的單位是GPa（1×10^9帕斯卡），這個數值愈小，代表用相同的力量，物體可以被拉伸得愈長。

切割輪胎的內胎做成橡皮筋

說到橡皮筋的起源，最初日本的橡皮筋是用腳踏車的內胎，切割而成一條條細細的圓環。

生產橡皮筋或膠帶等包裝材料，最早是由製造腳踏車的內胎等橡膠製品的工廠所生產的。一九二三年，創始人西島廣藏想到腳踏車的內胎可以切割成一圈一

橡膠三大特性

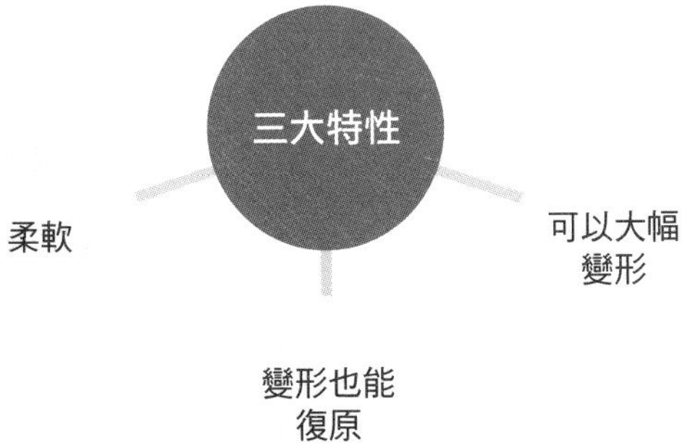

材料彈性係數

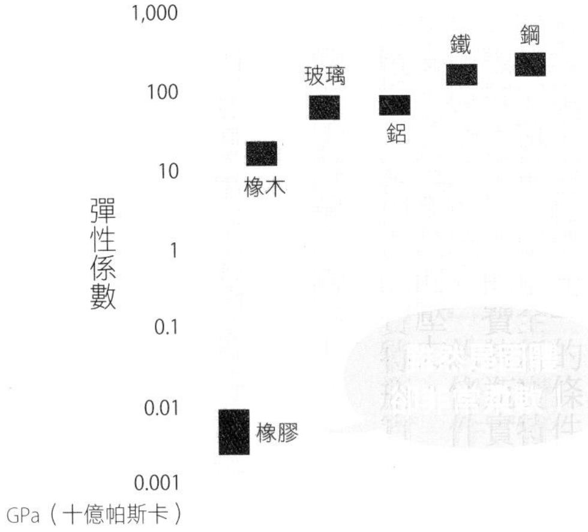

橡膠樹與採集樹汁的容器

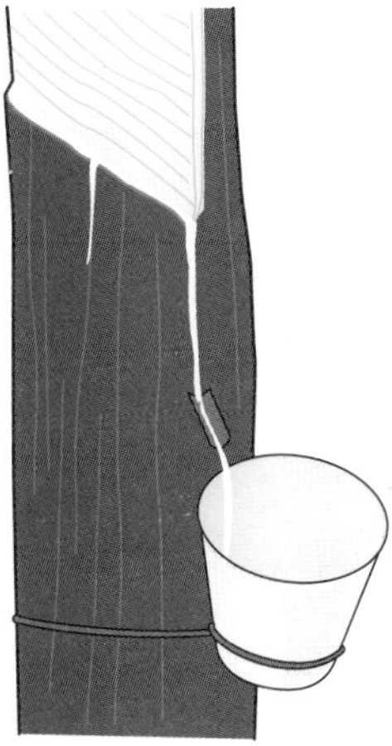

圈的細圓環，成功推出了新產品「橡皮筋」。橡皮筋自此成為整理物品的好幫手，甚至日本銀行也採購橡皮筋來綁住整疊鈔票。

橡皮筋的用途愈來愈廣，食品相關行業也開始有需求，但如此一來，由腳踏車的內胎製作而成的橡皮筋就不符合食品衛生安全了。

正因如此，也促成我們現在所使用的橡皮筋誕生的契機。那麼，現在的橡皮筋又是如何製作的呢？我們先從原材料的橡膠樹樹汁說起吧。

從橡膠樹上採集樹汁

全世界的橡膠園幾乎都集中在赤道周圍，尤其是東南亞諸國。橡膠樹是原產於中南美洲的桑科植物，只要割破樹幹上的樹皮，樹汁便會溢流出來，流入採集用的容器中。橡膠工人勤懇的採集上千棵樹所流出的樹汁，是非常辛苦的工作。這些採收而來的橡膠樹汁就稱為「乳膠」。

從前，人們將採集而來的乳膠經由加熱和煙燻進行乾燥處理，使乳膠中的水分蒸發，製成「生橡膠（又稱生膠）」。在土製模具外塗上一層乳膠，待乾燥後，搗碎清除內層的土模，製作成橡膠製的罈子或水瓶。

據說歷史上第一個將橡膠傳入歐洲的人是哥倫布。一四九三年，哥倫布率隊進行第二次航行，最後在波多黎各及牙買加上岸，他們看到當地的原住民玩著一種小球，落地後會高高彈起，這種沒見過的彈力球讓哥倫布等人非常驚訝。

然而，當時帶回的橡膠並未在歐洲大放異彩，大多只作橡皮擦或玩具用途。順帶一提，橡膠的英文名稱Rubber，正是源自英語的「擦掉（rub out）」，也就是橡皮擦之意。

現在，乳膠運送到橡膠工廠後，會先加酸使乳膠凝固，然後加入各種複合劑方便後段加工，經機器多次搗膠混合後，使膠料與複合劑均勻混合成「生膠」。生膠過濾去除異物後，被壓製成塊狀，再加入硫磺、幫助硫磺作用的促進劑、顏料等，經過機器反覆混合，使藥劑與顏料均勻混入生膠中。

壓成管狀的橡膠在硫化後產生彈性

我們接著回到橡皮筋的製作方法。

生膠與硫磺、促進劑、顏料經過反覆混合後，膠料被送入「壓出成型機」中，擠壓成管狀。這些橡膠管的內徑，根據成品的橡皮筋大小而有所不同。也就是說，如果要製成直徑大的橡皮筋，就會壓成內徑大的橡膠管；如果要製成直徑小的橡皮筋，就會壓成內徑小的橡膠管。

但是，在這個階段的橡膠管彈性還很差，順著生產線，橡膠管接著被送入高溫加熱的「硫化」工程，硫化就像在分子之間搭橋一樣，使原本橡膠中的線性分

硫化前的生膠與硫化後的橡膠

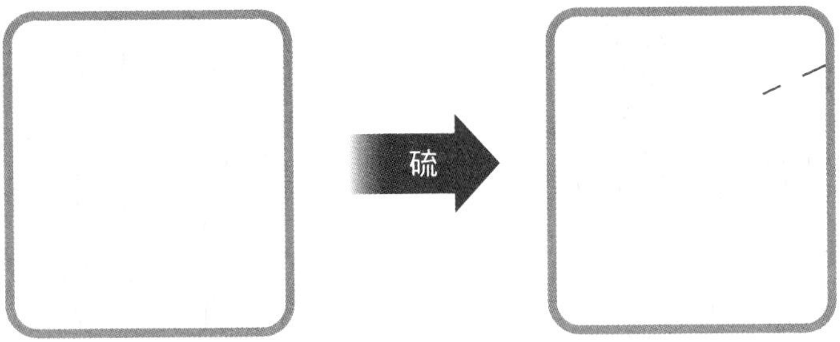

子結構產生「交聯」，變成三維立體網狀結構，使橡膠產生高彈性。

經過硫化的橡膠管接著被送入切割機中，按照相同寬度切成一圈一圈的橡皮筋。依據機器設定的切割寬度，從最細到最粗，各種寬度的橡皮筋在這裡誕生了。

最後，切割好的橡皮筋經過機器清洗乾燥後，完成了整個橡皮筋的製造過程。這些橡皮筋的成品依據不同的用途裝袋或裝箱後，出貨到客戶手中。

硫化可以改變橡膠的性能，未經硫化的天然橡膠（生膠）一旦變形就無法恢復原狀；而經過硫化的橡膠彈性大增，即使受力變形也能復原。

在沒有外力作用下，橡膠中的線性分子是鬆弛的狀態。生膠雖然有一定程度的彈性可以經得起輕微拉扯，但若是長時間保持拉伸狀態就會永久變形，這是因為原本按照固定位置排列的分子離開了原本的位置，橡膠便失去彈性。

「硫化」就像硫分子在橡膠中搭起橋梁一樣，使橡膠變成漁網般的網狀結構，彈性大增，不易變形。

橡皮筋伸縮時的溫度變化

找一條較粗的橡皮筋，拉長到最緊繃的狀態後，用嘴唇輕輕含住橡皮筋正中間。保持含著橡皮筋的狀態，讓橡皮筋一下子放鬆縮短，一下子繃緊拉長，就可以感受到橡皮筋伸縮時的溫度變化。

在沒有外力作用下，橡膠中的線性分子呈現鬆弛狀態，並且像彈簧一樣不停來回振動。如果將橡皮筋拉得死緊，原本振動不停的分子變得難以振動，被迫停止的振動轉變為多餘的能量，而這些多出來的能量就是橡膠升溫的原因。

相反的，如果將拉長的橡皮筋放鬆，橡膠中的分子又會開始來回振動，於是分子從周圍吸收振動所需的能量，這也是為什麼橡皮筋放鬆時溫度會降低的原因。

那麼，如果在橡皮筋下方懸吊著砝碼，使橡皮筋拉長繃緊，這時候往橡皮筋淋熱水會發生什麼事呢？溫度上升後，分子開始激烈的來回振動，如此一來，被拉長的橡皮筋為了恢復原狀變得彈而有力的收縮回去。

一八三九年的冬天，美國化學家固特異（Charles Goodyear，一八〇〇～一八六〇）無意中發現橡膠混入硫磺加熱可以發生「硫化」反應，固特異發明出橡膠的硫化技術後，橡膠才成為一種被廣泛應用的高彈力材料。硫化後的天然橡膠具備高彈性、高強度、高耐磨等優良性能，讓原本容易老化變質只能做成奇妙觸感玩具的橡膠，從此成為具有實用性的工業原料，也延伸出輪胎等橡膠相關產業。「硫化」可以說是促成橡膠實用化的劃時代發明。

12 會沉入水中的冰

「冰會浮在水面上」其實是件奇怪的事

一個水分子由兩個氫原子和一個氧原子構成，當無數個水分子聚在一起時就形成了水。氫是宇宙中最多的元素，氧是地球地殼中最多的元素，水可以說是天地間最為平凡、隨處可見的物質了吧。

也許是因為如此，絕大多數的人都不覺得「固體的冰會在液體的水中浮起」是一個奇怪的現象。

然而，「冰會浮在水面上」其實正代表著水這種物質的「不尋常」之處。即使在自然界的幾千萬種物質中也是極其稀有，可以說是特例中的特例。

一般來說，同一種物質的固體密度會大於液體密度。在微觀世界中，物質在

一般物質在固態和液態時分子的密度

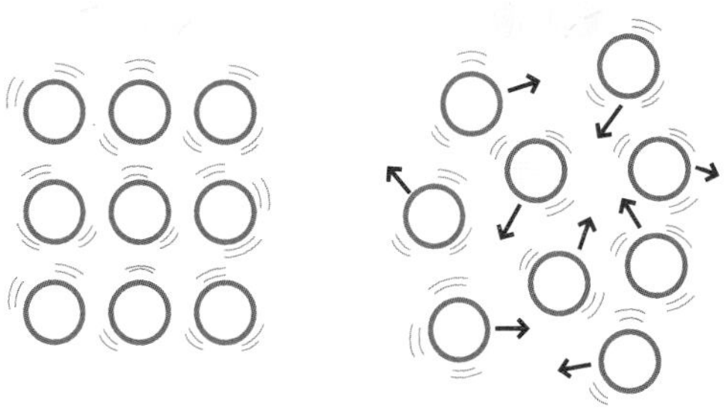

物質呈固態時，分子都在原位置振動；呈液態時，分子間距離較大，分子可以在一定距離的空隙間移動

液態和固態時，分子的密集度並不相同，固態物質的分子排列更為緊密。

分子之間有一種作用力，能將許許多多的分子拉聚在一起成為液態或固態。固態時，分子與分子間的距離最近，彼此的作用力最強，分子無法離開原本的位置。液態時，分子與分子間的距離較遠，彼此的作用力較固態時來得小，分子可在其他分子間移動。

與固體相比，液體中每個分子的活動空間更大，所以液體中的分子可在其他分子間移動。這也是為什麼，液體可以隨著容器改變形狀。

換句話說，物質在固態時，分子之間非常擁擠；而在液態時，分子之間變得比較寬鬆。因此，一般物質在固態時的密度最大，投進相同物質的液體中會往下沉。

然而，水這種物質卻異乎尋常，它的固體「冰」會在液體的「水」中浮起。冰在零度時的密度為〇．九一六八公克／立方公分，而此時冰若融化，會縮小將近十％的體積，變成零度，密度為〇．九九九八公克／立方公分的水。隨著溫度上升，水的密度逐漸變大，在三．九八度時達到最大值〇．九九九九七三公克／立方公分。

超過三．九八度後，隨著溫度上升，水的密度反而逐漸變小，但即使如此，水在沸點一百度時的密度也有〇．九五八四公克／立方公分，此時密度比冰大了將近五％。

像水這樣固體密度小於液體密度的物質，在世界上屈指可數，除了水之外還有鍺、鉍、矽等。水結成冰後體積增加的特性，也成為寒冷冬夜裡水管結凍爆裂的原因。

為什麼湖泊是從表面開始結冰呢？

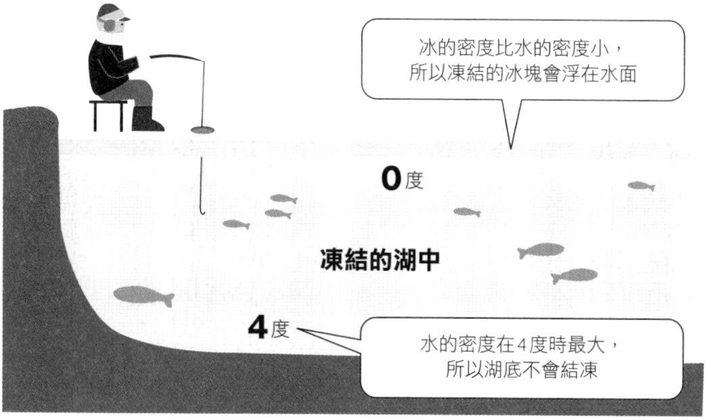
冰的密度比水的密度小，
所以凍結的冰塊會浮在水面
0度
凍結的湖中
4度
水的密度在4度時最大，
所以湖底不會結凍

正因為水的這種「不尋常」之處，水中生物才得以安全的度過冬天。冬天時的冷冽空氣，讓池塘或湖泊的水面溫度開始下降，當水面溫度降到四度時，密度變大而下沉。於是，四度的水因為密度最大沉到湖底，而接近零度的水則因為密度較小浮上水面。溫度再繼續下降的話，水面會慢慢開始結冰。

冰塊的密度比水小，所以會浮在水面上。當水面的冰塊結成厚厚的冰層，就形成具有隔熱作用的天然屏障，即使是寒風刺骨的冬夜，也能防止水底結凍。

水分子的形狀

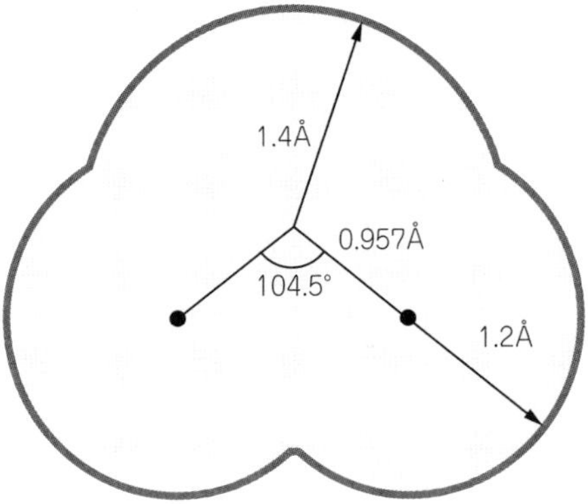

反過來說，如果水跟一般物質一樣，溫度愈低，體積就愈小，那將會是一場浩劫。冰冷的液體沉積在水底，從水底開始結凍，水面失去冰層作為隔熱屏障，最後從上到下整個湖凍成硬邦邦的冰塊。如此一來，水中生物也無法存活了。

凍成冰塊時水分子間的空隙很多

眾所皆知，水分子的形狀就像上圖一樣。我們可以把它看成直徑接近三埃格斯特朗（Å，1Å＝10^{-10}m）的近似球體。

構成水分子的氫原子和氧原子都

水分子中的電荷分布得不均勻

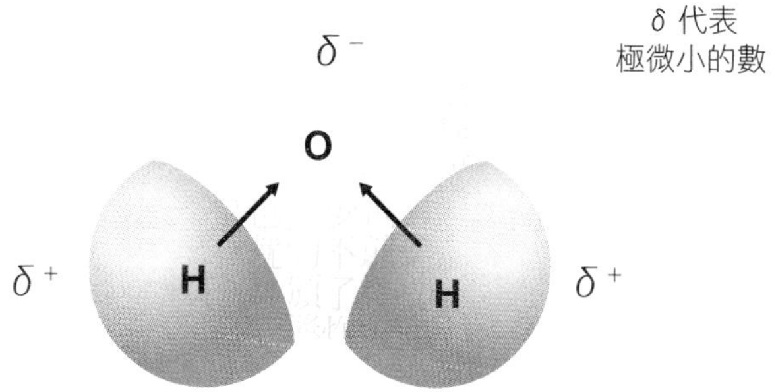

帶有電荷，氫原子帶有微量的正電荷 δ^+（δ代表極微小的數），氧原子則帶有微量的負電荷 δ^-。這使得水分子中的電荷呈現不均勻分布，形成極性分子。

於是，在正負電荷的相互拉聚下，一個水分子的氫原子不斷往下一個水分子的氧原子靠近，使兩個鄰近的水分子有排列起來的傾向，這樣的結合方式稱為「氫鍵」。氫鍵的強度，比起一般分子間的作用力來得更強。

隨著溫度降到零度以下，水分子以氫鍵結合成冰晶，由上往下看的

普通的冰晶結構（H_2O）

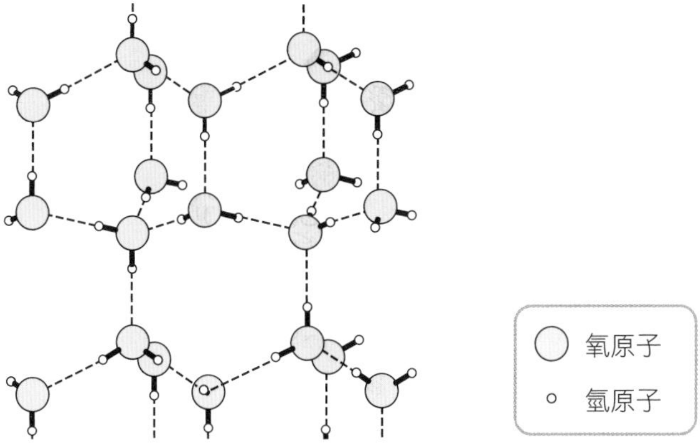

話，這些冰晶是由無數個六角形網格狀排列的水分子所組成，最後成了我們常見的冰塊。雪花的結晶與冰晶的結構相同，因此也呈現六角形。

從這一頁的圖就能清楚得知，冰的晶體結構中有很多空隙。當冰塊融化成液體時，隨著一部分的冰晶結構崩解，水分子乘隙而入，填滿那些崩解後的空隙，這就是為什麼水的密度會大於冰的密度。

隨著溫度上升，冰塊融化，冰晶中的空隙陸續被水分子填滿，密度逐漸變大。溫度繼續升高的話，水分子的熱運動逐漸加劇，使每個分子的運動空間變大，造成體積膨脹，密度也隨之變小。在這樣的平衡下，水到四度為止，密度升到最高點；超過四度後，密度開始變小。

原來世界上不只一種冰

根據溫度與壓力的變化，冰會產生多種不同形態（晶體結構），而我們平常最熟悉的冰是「冰一（Ice Ih）」。

第一個發現冰於高壓下的結構有別於普通冰的人，是美國哈佛大學的物理學家布里奇曼（Percy Bridgman，一八八二～一九六一），他在高壓物理方面的研究貢獻，榮獲一九四六年的諾貝爾物理學獎。布里奇曼在不斷的嘗試下，成功改良高壓設備，成為世界上第一個在室溫下以一萬大氣壓以上的高壓，成功把水壓縮成「高壓冰」的人。

在一萬大氣壓左右形成的冰，稱為「冰六（Ice VI）」。繼續壓縮，在三萬大氣壓左右形成的冰，則稱為「冰七（Ice VII）」。這些高壓冰的密度大於一公克／立方公分，換句話說，這些冰是「會沉入水中的冰」。

時至今日，科學家已經證實，對水施加不同壓力和改變溫度的話，就能製造出多種不同形態的冰。二〇〇九年，科學家將水以超高壓冷卻至一三〇K（約零下一四三度），成功製造出「冰十五（Ice XV）」。

任教於三重縣立久居高中的田中岳彥老師曾與大學等機關合作，製造出一台簡易型的高壓設備，讓學生們在高中的物理課堂上能親眼見到冰六（Ice VI）。用來製造高壓設備的材料是地球上最堅硬、最適合壓縮用的「鑽石」。鑽石無色透明的特性，使壓縮設備中的水與冰一覽無遺。我曾經在影片中看過高壓冰慢慢沉入水中的畫面，懇切盼望有一天能親眼看到。

結語

高中理組面臨選科時，化學一向是許多人的第一選擇。然而，許多人選擇念化學後的真實心聲卻是：「化學感覺起來比物理更好懂，而且又不用像生物一樣要背很多東西，但實際上課後卻發現，竟出乎意料地難懂……」。

但是，會造成這樣的狀況是因為教學方法出了問題，化學其實是一門令人著迷不已的學問。

舉例來說，你一定從媒體報導中聽過，那些對身體造成不良影響的食品添加物，或是從前福島第一核電廠事故導致的放射性物質外洩等，由此知道，人們需要正確判斷力才能與化學物質和平共處的時代已經來臨了。

然而，現在的化學教育卻往往背道而馳，無法向學生傳達化學的樂趣，以及告訴社會大眾，化學其實與我們的生活息息相關。

我心目中理想的化學教育，是讓學生能透過「化學課本上物質的性質與變化」，在知識面上獲得樂趣的同時，也能體會到化學的理論與實驗不只是課本上的文字，只要處處留心，我們生活中及社會上每個角落都是化學。

在本書中提到的椪糖，就是在我的推動之下成為全日本化學實驗課的固定教材。椪糖是利用碳酸氫鈉（小蘇打粉）分解原理製成的一道點心，這不正是學習化學變化的現成教材嗎？我時刻提醒自己，應該利用這類實驗讓學生知道，化學並不是局限在教室內的學問，我們生活中隨處可見的東西都是化學。

我長年鑽研學校的自然科教材教法，同時致力於幫助學生學習的方法。因此，每當我聽到有人說：「自然超無聊」時，就覺得特別難過。如果自然科學淪為枯燥無味、死記硬背的學問，那真是太令人遺憾了。

因此，我撰寫本書時，特別在化學理論中融入逸聞趣事，希望能以更輕鬆易讀的方式，將化學理論展現在各位讀者的面前。

如果透過這本書，能讓大家有一絲一毫感受到，不只是最尖端的科學，即便是基礎科學也能「有趣到睡不著」的話，那就太好了！

左卷健男

參考文獻

千谷利三 著《燃燒與爆炸》槇書店 一九五七年

左卷健男 著《科學家的X檔案》東京書籍 二〇〇〇年（中文版由世潮出版社於二〇〇八年出版）

左卷健男 著《好玩實驗．造物事典》東京書籍 二〇〇二年

左卷健男 著《最具話題性的１００個關於化學物質的知識》東京書籍 一九九九年

山崎昶 著《化學萬能諮詢室ＰＡＲＴⅡ》講談社 一九八三年

左卷健男 著《水什麼都不知道喔》Discover 21, Inc. 二〇〇七年

左卷健男 著《新高中化學教科書》講談社 二〇〇六年

日本自然保護協會 著《野外的致命生物》思索社 一九八二年

左卷健男（總編輯）《理科的探險（RikaTan）》雜誌

BOOK REPUBLIC 讀書共和國
快樂文化 Happy Publishing House
有趣到睡不著 002

有趣到睡不著的化學：可以用鑽石烤松茸嗎？

作者：左卷健男／繪者：封面-山下以登、內頁-宇田川由美子／譯者：李沛栩
責任編輯：Comet編輯室／封面與版型設計：黃淑雅
內文排版：立全電腦印前排版有限公司

快樂文化
總編輯：馮季眉／主編：許雅筑
FB粉絲團：https://www.facebook.com/Happyhappybooks/

出版：快樂文化/遠足文化事業股份有限公司
發行：遠足文化事業股份有限公司（讀書共和國出版集團）
地址：231新北市新店區民權路108-2號9樓／電話：（02）2218-1417
電郵：service@bookrep.com.tw／郵撥帳號：19504465
客服電話：0800-221-029／網址：www.bookrep.com.tw
法律顧問：華洋法律事務所蘇文生律師

印刷：成陽印刷股份有限公司／初版一刷：西元2020年09月／定價：360 元
初版七刷：西元2024年7月
ISBN：978-986-99016-7-3 (平裝)

國家圖書館出版品預行編目（CIP）資料

有趣到睡不著的化學：可以用鑽石烤松茸嗎？/ 左卷健男著；
李沛栩譯. -- 初版. -- 新北市：快樂文化出版：遠足文化發行，
2020.09
面；　公分
譯自：面白くて眠れなくなる化學
ISBN 978-986-99016-7-3(平裝)
1.化學 2.通俗作品
340　　109011732